零基础 学兽医

轻松学鸡病防制

李连任 主编

鸡病防制入门，
看这本就够了！

中国农业科学技术出版社

图书在版编目（CIP）数据

轻松学鸡病防制 / 李连任主编 . —北京：中国农业
科学技术出版社，2014.6
　ISBN 978-7-5116-1614-2

　Ⅰ . ①轻…　Ⅱ . ①李…　Ⅲ . ①鸡病 – 防治
Ⅳ . ① S858.31

中国版本图书馆 CIP 数据核字（2014）第 075603 号

责任编辑　张国锋
责任校对　贾晓红

出 版 者　中国农业科学技术出版社
　　　　　北京市中关村南大街 12 号　邮编：100081
电　　话　（010）82106636（编辑室）（010）82109702（发行部）
　　　　　（010）82109709（读者服务部）
传　　真　（010）82106631
网　　址　http://www.castp.cn
经 销 者　各地新华书店
印 刷 者　北京富泰印刷有限责任公司
开　　本　880mm×1 230mm　1 /32
印　　张　5.5
字　　数　169 千字
版　　次　2014 年 6 月第 1 版　2014 年 6 月第 1 次印刷
定　　价　28.00 元

编写人员名单

主　编

李连任

副主编

刘学恩　李长强

参编人员

李　童　李连任　李长强　李茂刚

孙世民　闫益波　武传芝　刘学恩

彭建聪　刘明生

前 言

　　近年来，随着养鸡业的发展，不断有养殖新手加入养鸡行业。他们有的精通养殖技术，但大部分新手还是缺少系统的鸡病防控知识，给养鸡生产带来较大隐患。为帮助这部分养殖业户提高鸡病防控能力，保障鸡的健康养殖，我们组织部分一线技术服务人员编写了这本《轻松学鸡病防制》。

　　本书结合当前鸡病的流行情况，围绕鸡病确诊与治疗的需要，以基础病理学为出发点，阐明了病理变化与鸡病症状及诊断的关系，从药物作用的原理简单阐明了药物、鸡体以及病原体之间的相互影响，以及正确地使用药物和进行药物治疗的基本技术。诊断技术中，以鸡的常见发病部位和症状为引导，阐明了正确诊断和确诊的基本技能。在编写内容上，做到精选、突出重点；逻辑上，做到由简到繁、由浅入深；叙述上，做到语言简练、通俗易懂，并尽可能多地用现场图片，形象生动地加以说明，便于直观理解。

本书编写人员为一线兽医技术服务人员，临床经验丰富，实践能力强，在本专业领域具有一定的社会影响，与养殖企业有着密切的联系。

由于编者水平所限，时间仓促，书中难免有不妥和错误之处，恳请读者批评指正。

编者

2014 年 3 月

目　录

第一章 鸡的正常外貌与解剖特征

第一节 鸡的正常外貌特征与生理特点

一、鸡的正常外貌特征

不同品种、性别、年龄的鸡外貌各不相同，但体表各部分的名称是大同小异的。鸡的外貌可分为头部、颈部、体躯和四肢4大部分（图1-1）。

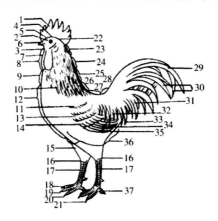

图1-1 鸡的各部位名称

1—冠 2—脸与眼睛 3—耳与耳叶 4—头顶 5—前额 6—喙
7—肉髯 8—咽喉 9—颈 10—颈羽 11—小覆翼羽 12—胸
13、14—翼羽 15—胫 16—胫跟 17—跗 18—外趾 19—中趾
20—内趾 21—外趾 22—后脑壳 23—颈上部 24—颈中部
25—颈下部 26—背上部 27—背中部 28—腰 29—尾羽
30—大翘羽 31—小翘羽及覆尾羽 32—蓑羽 33—小覆尾羽
34—副翼羽 35—主翼羽 36—尾骶骨及腹 37—后趾

（一）头部

头部的形态（图1-2）及发育程度能反映品种、性别、健康和生产性能高低等情况。

图1-2　鸡的头部形态

1. 鸡冠

为皮肤衍生物，位于头顶，是富有血管的上皮构造。不同品种有不同冠形，就是同一种冠形，不同品种，也有差异。鸡冠的种类很多，是品种的重要特征，可分为单冠、豆冠、玫瑰冠、草莓冠、羽毛冠等。

大多数品种的鸡冠为单冠。冠的发育受雄性激素控制，公鸡的冠较母鸡发达。冠的颜色大多为红色（羽毛冠指肉质部分），色泽鲜红、细致、丰满、滋润是健康的征状。有病的鸡，冠常皱缩、不红，甚至呈紫色（除乌骨鸡）。母鸡的冠是产蛋鸡高产或停产的表征。产蛋母鸡的冠色鲜红、温暖、肥润；停产鸡冠色淡，手触有冰凉感，外表皱缩。产蛋母鸡的冠愈红、愈丰满的，产蛋能力愈高。

2. 喙

由表皮衍生的角质化产物，是啄食与自卫器官，其颜色因品种而异，一般与胫部的颜色一致。健壮鸡的喙应短粗，稍微弯曲。

3. 脸

一般鸡脸为红色，健康鸡脸色红润无皱纹，老弱病鸡脸色苍白而有皱纹。蛋用鸡脸清秀，肉用鸡脸丰满。

4. 眼

位于脸中央，健康鸡眼大有神且反应灵敏，向外突出，眼睑单薄，虹彩的颜色因品种而异。

5. 耳叶

位于耳孔下侧，呈椭圆形或圆形，有皱纹，颜色因品种而异，常见的有红、白两种。

6.肉垂

颌下下垂的皮肤衍生物，左右组成一对，大小对称，其色泽和健康的关系与冠同。

（二）颈部

因品种不同颈部长短不同，鸡颈由 13~14 个颈椎组成。蛋用型鸡颈较细长，肉用型鸡颈较粗短。

（三）体躯

由胸、腹、尾 3 部分构成，与性别、生产性能、健康状况有密切关系。胸部是心脏与肺所在的位置，应宽、深、发达，既表示体质强健，也表示胸肌发达。腹部容纳消化器官和生殖器官，应有较大的腹部容积。特别是产蛋母鸡，腹部容积要大。腹部容积常采用以手指和手掌来量胸骨末端到耻骨末端之间距离和两耻骨末端之间的距离来表示。这两个距离愈大，表示正在产蛋期或产蛋能力很好。尾部应端正而不下垂。

（四）四肢

鸟类适应飞翔，前肢发育成翼，又称翅膀。翼的状态可反映禽的健康状况。正常的鸡翅膀应紧扣身体，下垂是体弱多病的表现。鸟类后肢骨骼较长，其股骨包入体内，胫骨肌肉发达，外形称为大腿，足跖骨细长，外形常被称为胫部。胫部鳞片为皮肤衍生物，年幼时鳞柔软，成年后角质化，年龄愈大，鳞片愈硬，甚至向外侧突起。因此，可以从胫部鳞片软硬程度和鳞片是否突起来判断鸡的年龄大小。胫部因品种不同而有不同的色泽。鸡一般有 4 个脚趾，少数为 5 个。公鸡在腿内侧有距，距随年龄的增长而增大，故可根据距的长短来鉴别公鸡的年龄。

（五）羽毛

羽毛是禽类表皮特有的衍生物。羽毛供维持体温之用，对飞翔也很重要。羽毛在不同部位有明显界限，鸡各部位的羽毛特征如下。

1. 颈羽

着生于颈部，母鸡颈羽短，末端钝圆，缺乏光泽，公鸡颈羽后侧及两侧长而尖，像梳齿一样，称为梳羽。

2. 翼羽

两翼外侧的长硬羽毛，是用于飞翔和快速行走时用于平衡躯体的羽毛。翼羽中央有一较短的羽毛称为轴羽，由轴羽向外侧数，有10根羽毛称为主翼羽，向内侧数，一般有11根羽毛，叫副翼羽。每一根主翼羽上覆盖着一根短羽，称覆主翼羽，每一根副翼羽上，也覆盖一根短羽，称为覆副翼羽。初生雏如只有覆主翼羽而无主翼羽，或覆主翼羽较主翼羽长，或者两者等长，或主翼羽较覆主翼羽微长在2毫米以内，这种初生雏由绒羽更换为幼羽时生长速度慢，称为慢羽。如果初生雏的主翼羽毛长过覆主翼羽，并在2毫米以上，其绒羽更换为幼羽生长速度很快，称为快羽。慢羽和快羽是一对伴性性状，可以用作自别雌雄使用。成年鸡的羽毛每年要更换一次，母鸡更换羽毛时要停产，主翼羽脱落早迟和更换速度，可以估计换羽开始时间，因而可以鉴定产蛋能力。

3. 鞍羽

家禽腰部亦叫鞍部，母鸡鞍部羽毛短而圆钝，公鸡鞍羽长呈尖形，像蓑衣一样披在鞍部，特称蓑羽。主尾羽尾部羽分主尾羽和覆尾羽两种。公母鸡都一样，从中央一对起分两侧对称数去，共有7对，公鸡的覆尾羽发达，状如镰刀形，覆第一对主尾羽的大覆羽叫大镰羽，其余相对较小叫小镰羽。梳羽、蓑羽、镰羽，都是第二性征性状。

二、鸡的生理特点与生物学习性

鸡在动物学上属于鸟纲，具有鸟类的生物学特性。近百年来，由于人们的不断培育和改善其环境条件，尤其是近几十年，随着现代遗传育种、营养化学、电子物理等科学技术的发展，使之生产能力大大提高。改造后鸡的生物学特性即是鸡的经济生物学特性。

（一）新陈代谢旺盛

成年鸡的体温是41.5℃，每分钟脉搏可达200~350次，因此鸡的基础代谢高于其他动物，生长发育迅速、成熟早、生产周期短。

（二）繁殖力强

鸡是卵生动物，繁殖后代须经受精蛋孵化。母鸡的卵巢在显微镜下可见到 12 000 个卵泡。高产蛋鸡年产蛋已超过 300 枚，大群年产蛋 280 枚也已实现；公鸡的繁殖能力也是相当强的，公鸡精液量虽少，但浓度大，精子的数量多且存活期长，一只公鸡配 10~15 只母鸡可以获得较高的受精率，鸡的精子可以在母鸡输卵管中存活 5~10 天，个别可存活 30 天以上。

（三）对饲料营养要求高

一只高产母鸡一年所产的蛋重量达 15~17 千克，为其体重的 10 倍，由于鸡口腔无咀嚼作用且大肠较短，除了盲肠可以消化少量纤维素以外，其他部位的消化道不能消化纤维素，所以，鸡只必须采食含有丰富营养物质的饲料。

（四）对环境变化敏感

鸡的视觉很灵敏，一切进入视野的不正常因素如光照、异常的颜色等均可引起"惊群"；鸡的听觉不如哺乳动物，但突如其来的噪声会引起鸡群惊恐不安；此外鸡体水分的蒸发与热能的调节主要靠呼吸作用来实现，因此对环境变化较敏感，所以养鸡业要注意尽量控制环境变化，减少鸡群应激。

（五）抗病能力差

由于鸡解剖学上的特点，决定了鸡只的抗病力差。尤其是鸡的肺脏与很多的胸腹气囊相连，这些气囊充斥于鸡体内各个部位，甚至进入骨腔中，所以鸡的传染病由呼吸道传播的多，且传播速度快，发病严重，死亡率高。不死也严重影响产蛋。

（六）适合规模饲养

由于鸡的群居性强，在高密度的笼养条件下仍能表现出很高的生产性能。另外鸡的粪便、尿液比较浓稠，饮水少而又不乱甩，这给机械化饲养管理创造了有利条件。尤其是鸡的体积小，每只鸡占笼底面积仅400厘米^2，即每平方米笼底面积可以容纳25只鸡。所以在畜禽养殖业中，工厂化饲养程度最高的是鸡的饲养。

第二节　鸡的正常解剖特征与生理特点

一、消化系统

（一）消化系统的形态结构

消化系统由口咽、食管和嗉囊、胃、肠、泄殖腔、肝和胰组成（图1-3至图1-5）。

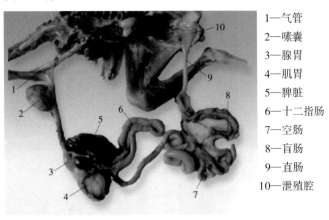

1—气管
2—嗉囊
3—腺胃
4—肌胃
5—脾脏
6—十二指肠
7—空肠
8—盲肠
9—直肠
10—泄殖腔

图1-3　消化系统解剖

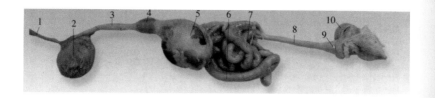

图1-4　消化系统解剖

1—食管颈段　　2—嗉囊　　3—食管胸段　　4—腺胃　　5—肌胃
6—十二指肠　　7—空肠　　8—直肠　　9—泄殖腔　　10—法氏囊

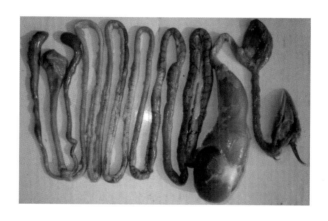

图1-5　消化系统解剖

1. 口咽

鸡口腔结构简单，没有唇、齿和软腭，因此与咽无明显界限，故将口腔和咽合称口咽。颊退化严重，上、下颌形成特有的喙作为采食器官，喙的表面为角质。

口腔顶壁为硬腭，后部正中有一纵沟叫腭裂，向后与鼻后孔连通。口腔底部几乎被舌所占据，舌呈三角锥形，表面被覆厚的角质，活动性差。整个口腔黏膜内味蕾少而结构简单，故鸡对味觉不敏感。

咽位于口腔后部，仅以硬腭最后一排乳头和舌基部的一排乳头与口腔为界。咽顶壁有咽鼓管咽口，通过咽鼓管通中耳。底壁为喉口。

口咽黏膜内唾液腺发达，分布很广，主要分泌黏液。

2. 食管和嗉囊

食管前起于咽，后与腺胃相连，分颈、胸两部。颈部长，管径粗易扩张，伴随气管等偏于颈部右侧。在胸腔入口处稍偏右侧形成一扩大的嗉囊，饱食时明显，可贮存和软化食料。胸部短，位于心基部背侧和肝的背侧，末端稍缩细与腺胃相连。

3. 胃

（1）腺胃　呈短纺锤形，位于腹腔左侧、肝左右叶之间的背侧，前接食管，后连肌胃。胃壁较厚，胃腔小，内腔面有许多肉眼可见的圆形乳头。

腺胃壁从内向外依次由黏膜、黏膜下层、肌层和浆膜构成。黏膜上皮为单层柱状上皮，黏膜浅层内有浅腺，分泌黏液；黏膜深层内有深腺，主要分泌胃蛋白酶原和盐酸。深腺导管穿过黏膜深层最后开口于黏膜表面的乳头上。黏膜下层为疏松结缔组织，肌层为环形和纵形平滑肌，可使胃壁收缩，浆膜在最外面，由薄层结缔组织和间皮（单层扁平上皮）组成。

（2）肌胃　也叫鸡肫。呈两面凸的圆形或椭圆形，壁厚而坚实。位于腹腔左侧、肝左右叶之间的后方，前与腺胃相连，后与十二指肠相通。肌胃的平滑肌非常发达，在侧面上腱组织相互连接，形成致密而坚韧、闪光的腱膜。

肌胃内经常有吞食的沙砾，故肌胃也叫砂囊。胃黏膜表面覆盖一层富有皱褶而粗糙的黄色或棕色的膜，名角质膜，俗称肫皮，药名鸡内金，系脱落的黏膜上皮与胃壁内腺体的分泌物在酸性环境下硬化形成。角质的成分为类角素，与一般角质不同，是一种酸性黏多糖和蛋白的复合物。由于胃壁肌层发达，故收缩力强；再加上沙砾与角质膜的摩擦，可将混合胃液的食料进一步磨碎，利于小肠的消化与吸收，同时也弥补了鸡没有齿的缺陷。

4. 肠和泄殖腔

肠可分为小肠和大肠，以肠系膜悬吊在腹腔顶壁上，大肠末端终止于泄殖腔。整个肠管较短，约相当于体长的 6 倍（大部分家畜肠管为体长的十几倍到二十几倍）。

（1）小肠　小肠较长，又分为十二指肠、空肠和回肠3段。

十二指肠：起于肌胃，并在肌胃右侧向后形成一"U"形袢。由肌胃起始向后的为降袢，折转向前的为升袢，两袢内夹有胰。胰管和胆管开口于与肌胃相对应的升袢处，此处为十二指肠和空肠的分界线。

空肠：较长，盘曲成许多半环状的肠袢。在空、回肠交界处的肠系膜对侧，有一小乳头状突起，叫卵黄囊憩室，是胚胎时期卵黄囊柄的遗迹。此处是空、回肠的界限。

回肠：较短而直，后部夹在两盲肠之间，并有回盲韧带与盲肠相连。

小肠壁也由黏膜、黏膜下层、肌层和浆膜构成。黏膜内分布有小肠腺，能分泌肠液，内含多种消化酶。另外，肠黏膜向肠腔内伸出许多纤细的肠绒毛，以增加吸收面积。

（2）大肠　包括两条盲肠和短的直肠。

盲肠：较长，呈盲管状。基部细，开口于回、直肠交界处，中部较粗，盲端较细。在基部壁内分布有丰富的淋巴组织，构成盲肠扁桃体。

直肠：短而直，呈淡灰绿色，前接回盲肠连接处，向后逐渐变粗与泄殖腔相通。

大肠的结构与小肠相似，黏膜形成较短的绒毛。

（3）泄殖腔　是消化、泌尿和生殖3个系统后端的共用通道。略呈球形，向后以泄殖孔或肛门与外界相通。泄殖腔以两个不完整的黏膜褶分为3部分：即粪道、泄殖道和肛道。粪道在前，与直肠相连，是贮存粪的部分；泄殖道居中，输尿管、输精管或输卵管（仅左侧壁上）开口于此；肛道在后，背侧有腔上囊的开口。肛道向后延续为肛门，后者由背侧唇和腹侧唇围成。

5. 肝和胰

（1）肝　较发达，位于腹腔前下部，分左右两叶，右叶略大。成鸡肝一般为淡褐色或红褐色，刚出壳的雏鸡由于吸收卵黄色素而呈鲜黄色，约两周后颜色变深，肥育鸡的肝则呈黄褐色或土黄色。肝的脏面（后面）各有一肝门，肝动脉、门静脉和肝管等由肝门处进出。肝右叶具有胆囊，肝管与胆囊相通，胆汁在胆囊内贮存，再由胆囊发出胆囊管，开口于十二指肠终部。左叶无胆囊，肝管直接开口于十二指肠终部。

肝表面大部分被覆浆膜，其深层为结缔组织构成的纤维囊。纤维囊的结缔组织向实质内伸入，将肝分隔成许多肝小叶。

肝小叶为肝的基本结构单位，呈多面棱柱状体。中央有一纵贯长轴的血管为中央静脉，肝细胞以中央静脉为中心呈辐射状排列，称为肝板。肝板相互吻合成网状，肝板间（即网眼）为窦状隙或血窦，系毛细血管的膨大部，也呈网状。窦腔内除含血液外，还有许多体积较大、形态不规则的巨噬细胞或枯否氏细胞，此种细胞具有强大的变形运动和吞噬能力，能吞噬血液中的细菌、异物等。另外，在肝板上有由相邻的肝细胞膜凹陷所围成的微细管道叫胆小管或毛细胆管，是运输胆汁的最初管道。肝细胞分泌的胆汁首先进入胆小管，再经肝小叶边缘的小叶内胆管、小叶与小叶之间的小叶间胆管，最后在肝门处汇集成肝管出肝。

肝是体内最大的腺体，其功能也很复杂。有分泌胆汁、合成体内重要物质，如血浆蛋白、脂蛋白、胆盐、糖原等；贮存糖原、维生素及铁等；解毒及参与体内防卫体系。在胎儿时期，肝还是造血器官。

（2）胰　位于十二指肠襻内，淡红或淡黄色，有2~3条胰管开口于十二指肠终端。

胰的实质由外分泌部和内分泌部组成。外分泌部由大量腺泡组成，可分泌胰液，通过胰管排入十二指肠。胰液内含有多种消化酶，参与蛋白质、脂肪和糖类的消化。内分泌部由内分泌细胞群组成，也叫胰岛，分散存在于外分泌部的腺泡之间。胰岛可分泌胰岛素和胰高血糖素，经毛细血管进入血液，参与血糖的调节。

（二）消化生理

1. 消化过程

（1）口腔消化　鸡的喙具有尖锐而平滑的边缘，适合采食坚硬而细小的饲料。采食后不经咀嚼，只是短暂停留混合唾液后就吞咽下去，并借食管的蠕动进入嗉囊或腺胃。

鸡饮水时将头低下，水吸入口腔后关闭口腔，并将头抬高，于是水靠重力进入食管。

（2）嗉囊消化　嗉囊的主要功能是贮存、软化食料，另外，嗉囊内的微生物（如乳酸杆菌）和饲料中的酶均可对食料进行粗略消化产生有机酸。

嗉囊内的食料借囊壁肌层的收缩而进入胃中。收缩方式为蠕动和排空运动。当胃空虚时，通过神经反射引起嗉囊运动，将食料挤出一部分到胃，胃充满后则停止收缩。

（3）胃的消化　食料入腺胃后由腺胃分泌胃液与食料混合。但由于腺胃容积小，食料在腺胃内只作短暂停留即进入肌胃，故胃液中蛋白酶的消化作用主要在肌胃内进行。腺胃的主要功能是分泌胃液，胃液为酸性液体，主要含胃蛋白酶原和盐酸，在酸性环境下，胃蛋白酶原转变为胃蛋白酶，后者对蛋白质有消化、分解作用。腺胃的分泌是连续性的，其分泌量为每小时5~30毫升，但饲喂时分泌量增加，饥饿时则分泌量减少。腺胃的运动是周期性的收缩和舒张，饥饿时约每隔1分钟收缩1次。肌胃有发达的肌层，收缩力强，内腔又含有沙砾，主要功能是磨碎食料。肌胃运动是周期性的，每分钟收缩2~3次，每次持续时间为20~30秒。

（4）小肠的消化　小肠内消化主要是消化液中的酶对蛋白质、脂肪和糖类进行充分消化，消化的最终产物经小肠黏膜吸收。小肠内的消化液有3种，即肠液、胰液和胆汁。

肠液：肠液为淡黄色液体，由肠腺所分泌。肠液内除含有蛋白酶、脂肪酶和淀粉酶外，还含有多种糖酶、肠激酶。

胰液：胰液由胰的外分泌部分泌，为淡黄色、透明、微黏稠。其中含有胰蛋白酶、胰脂肪酶、胰淀粉酶，这对蛋白质、脂肪和糖类有很强的消化作用。

胆汁：胆汁为绿色带苦味的液体，主要成分为胆盐，可乳化脂肪（即将脂肪滴乳化为脂肪微滴），利于脂肪酶的消化。

小肠的运动主要是蠕动和分节运动，一方面使食糜与消化液充分混合，利于消化吸收，另一方面可推送食糜向后移动。

（5）大肠的消化　食糜由小肠进入大肠后，一部分进入盲肠，在盲

肠内进行微生物的发酵作用，可使纤维素发酵产生低级脂肪酸，并合成B族维生素和维生素K等，另一部分进入直肠。直肠主要是吸收盐类和水分，形成粪便后排入泄殖腔，与尿液混合后排出体外。

2. 吸收

饲料在口腔和食管内滞留时间短，所以不进行吸收。在嗉囊内停留时间较长，但大部分营养成分没有被消化，所以吸收作用不大。在腺胃和肌胃内的营养物质仅是初步消化，吸收作用也很小。在小肠内食糜停留时间长，消化酶能充分分解营养物质，再加上肠绒毛增加吸收面积，故小肠是消化、吸收营养的主要部位。营养物质被小肠黏膜吸收后进入血液，并由血液运输到其他器官。大肠主要是吸收盐类和水分。

二、呼吸系统

（一）呼吸系统的形态结构

鸡的呼吸系统（图1-6）由鼻腔、喉、气管、鸣管、支气管、肺、气囊和充气骨骼组成。鸡无软腭，而在食管的起始部有一喉突，是两片唇形的肌性瓣，相当于哺乳动物的会厌。平时此瓣开放，气体进入气管，当吞咽时鸡仰头此瓣关闭，防止食物落入喉和气管内。

图1-6 呼吸系统局部解剖

1. 鼻腔

鼻腔的外口为一对鼻孔，位于喙的基部。鼻腔被鼻中隔分为左、右两个，每侧鼻腔内有3枚软骨性鼻甲。鼻腔向后经缝状的鼻后孔与口咽相通。

另外，在眼球的前下方，有一个与鼻腔相通的空腔叫眶下窦或眼下憩室（相当于家畜的上颌窦），内衬鼻黏膜。该窦外侧壁为皮肤等软组织，内侧壁为上颌骨。当鸡患传染性鼻炎等疾病时，窦黏膜发炎，致使眶下窦积液、肿大。

2. 咽

见消化系统口咽。

3. 喉

位于咽底壁、舌根后方，外形呈尖端向前的心形。喉由 1 对杓状软骨和 1 枚环状软骨围成支架，内衬黏膜。喉口呈缝状，由周围的黏膜褶围成。喉内的空腔叫喉腔，喉腔内没有声带，故喉不是发声器官（家畜的喉腔内有声带，喉是发声器官），只有通气作用。喉软骨上附着喉肌，可扩大或闭合喉口，防止食料等进入喉腔。

4. 气管

起始于喉，较长，伴随食管等由颈部伸延到胸腔。其壁主要由"O"字形软骨环靠结缔组织和肌组织连接构成，内衬黏膜。进入胸腔后在心基部背侧分为左右支气管进入左右肺，分支处形成鸣管。

鸣管是鸡（鸟类）的发声器官，位于气管、支气管的交界处，由邻近的气管和支气管环及一块鸣骨为支架，支架上附着两对有弹性的薄膜，分别叫外侧鸣膜和内侧鸣膜。当呼气时，空气冲击鸣膜使其振动而发声。

5. 支气管

很短，在心基部背侧经肺门进入左右肺。支气管的软骨环为"C"字形。

6. 肺

肺（图 1-7）是进行气体交换的器官，与家畜肺相比较有许多不同点。第一，肺不是悬吊在密闭的胸腔内，而是紧靠背部并有 1/3 镶嵌在肋间隙内，所以，鸡（禽）肺受胸壁骨骼的限制，扩张性不大；第二，肺内不形成支气管树（家畜肺内支气管分支形成树状的支气管树），而是各级支气管分支形成相互通连的管道；

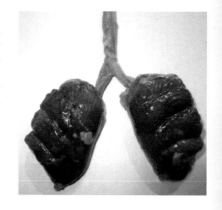

图 1-7　肺的解剖

第三，肺的各部均与气囊相通。

（1）肺的位置形态　鸡（禽）肺不大，鲜红色，位于胸腔背侧，略呈扁平四边形，不分叶，背侧嵌入肋间隙具有几条肋沟。腹侧前方为肺门，是支气管、血管等进出的地方。

（2）肺的结构　肺除去表面的浆膜外，实质主要由导管系统组成。支气管入肺后纵贯全肺叫初级支气管，初级支气管后端出肺连通腹气囊。从初级支气管上分出 4 群次级支气管，次级支气管除与颈气囊、锁骨气囊、胸气囊相通外，还分出许多三级支气管遍及全肺，并呈袢状连接于两群次级支气管之间。从三级支气管上又分出许多呈辐射状的肺房，后者再分出许多肺毛细管，相当于家畜的肺泡，外周布满毛细血管。肺毛细管是与血液进行气体交换的场所。

由于鸡肺内支气管相互通连，故肺内感染容易扩张，较难治疗。

7. 气囊

气囊是禽类特有的器官，系支气管的分支出肺后膨大形成的黏膜囊。气囊壁薄而透明，多数家禽有 9 个。即 1 对颈气囊、1 个锁骨气囊、1 对胸前气囊、1 对胸后气囊和 1 对腹气囊。颈气囊位于胸腔前部背侧，锁骨气囊位于胸腔前部腹侧，胸前气囊位于肺的腹侧前部，胸后气囊位于肺的腹侧后部，腹气囊最大，位于腹腔内器官的两侧。

气囊的作用很多，如减轻体重、平衡体位、加强发声气流、散发体热借以调节体温。腹气囊由于距离睾丸很近，可使睾丸维持较低温度，保证正常精子形成等，但最重要的还是作为贮气装置参与肺的气体交换功能。

给鸡腹腔注射药物时应避免将药物注入气囊，以免引起异物性肺炎。

（二）呼吸生理

鸡的呼吸频率为每分钟 22~25 次。吸气时主要是肋间外肌收缩，使体腔容积增大，气囊的容积也随之增大，于是肺及气囊内呈负压（气压低于外界大气压），新鲜空气进入肺和气囊。相反，呼气时肋间内肌收缩，体腔容积减小，肺及气囊内压升高，迫使气体经呼吸道及口腔排出体外。所以，吸气和呼气都是主动的过程。

气囊在气体交换过程中具有相当重要的作用。气囊的容积很大，比肺的容积大 5~7 倍，在呼吸过程中气囊类似风箱的作用。吸气时驱使气体通过肺进入所有支气管及肺房和肺毛细管，并充满气囊，呼气时则气体向相反方向流动。因此，肺虽然体积小，但由于在一个呼吸周期中气体有两次循环，保证了肺毛细管在吸气和呼气时均能与血液进行气体交换，以适应强烈的新陈代谢功能。禽类的氧利用效率为 54%~60%，而家畜仅为 20%~30%，远远超出家畜肺进行气体交换的能力。

三、生殖系统

（一）生殖系统的形态结构

生殖系统与其他系统不同，包括公鸡生殖器官和母鸡生殖器官两部分。

1. 公鸡生殖器官

公鸡生殖器官由睾丸、附睾、输精管和交配器官组成。

（1）睾丸和附睾　睾丸呈卵圆形，位于腹腔内，以短的系膜悬挂在肾前部的腹侧、后腔静脉和主动脉的两侧。体表投影相当于后两肋骨的上部。幼公鸡的睾丸很小，如米粒大小，黄色。成年后大小具有明显的季节性变化。非生殖季节较小，大小为（10~19）毫米 ×（10~15）毫米；而生殖季节则明显增大，大小为（35~60）毫米 ×（25~30）毫米，颜色由黄色转为淡黄色甚至白色。

睾丸表面大部分被有浆膜，浆膜深层为结缔组织形成的白膜，内部的实质主要由大量弯曲的精小管构成。精小管特别细，直径为 150~200 微米，管壁主要由生精细胞组成，生精细胞能够形成精子。在生殖季节，精小管加长变粗，致使睾丸增大。

附睾小，为长纺锤形，肾贴在睾丸的背内侧，常被睾丸系膜遮盖而不易发现。附睾主要由睾丸输出管和附睾管构成，后者出附睾延续为输精管。

（2）输精管　是一对极其弯曲的细管道，与输尿管并行，前连附睾，后端埋于泄殖腔壁内，末端形成输精管乳头，并突出于泄殖道、输尿管口的外下方，开口于泄殖道。输精管既是输送精子的通道，又是贮存精子的地方。幼公鸡的输精管极细，不容易看清楚，性成熟后特别是在生殖季节明显增粗增长，弯曲度增大，因贮有精液而呈乳白色。

（3）交配器　由阴茎体、1对淋巴褶和1对泄殖腔旁血管体组成，后者位于泄殖道壁内输精管附近。阴茎体位于肛门腹侧唇内侧，为3枚并列的小突起，刚出壳的雏鸡较明显，可用来鉴别雌、雄。阴茎体两侧为黏膜形成的淋巴褶，交配射精时，阴茎体外侧乳头因充满来自血管体的淋巴而增大，中间形成阴茎沟，并伸入到母鸡输卵管的阴道部，精液则沿阴茎沟导入阴道内。成年公鸡不交配时几乎看不到阴茎体。

2. 母鸡生殖器官

母鸡生殖器官（图1-8）包括卵巢和输卵管。成年母鸡仅左侧发育正常，右侧的卵巢和输卵管在个体发生的早期停滞，孵出后不久即退化为遗迹。

（1）卵巢　是产生卵子（卵细胞）的器官，以短的卵巢系膜附着在左肾前部的腹侧。幼鸡为扁平椭圆形，灰白或白色。

卵巢表面被覆单层柱状或单层立方生殖上皮，生殖上皮深层

图1-8　母鸡的生殖器官

为薄层结缔组织。实质分为浅层的皮质区和深部的髓质区。皮质区内分布有大量不同发育阶段的卵泡，髓质区主要是结缔组织。由于雏鸡的卵巢内有许多小的卵泡，故表面略呈颗粒状。随着年龄的增长，卵泡不断增大，并贮存大量卵黄，突出于卵巢表面，较大的卵泡仅以细柄与卵巢相连，在产蛋期间，此段特别发达，壁很肥厚，呈乳白色。黏膜形成大的纵形皱褶，固有膜内有发达的腺体，分泌物形成蛋白，故膨大部又叫蛋白分泌部。

（2）峡　较短而直，管道狭窄，黏膜内腺体分泌物形成壳膜。

（3）子宫　粗而呈囊状，壁较厚，肌层发达。黏膜形成小的皱褶，

固有膜内的腺体叫子宫腺，其分泌物形成蛋壳，故子宫部也叫壳腺部。卵在子宫内停留的时间最长。

（4）阴道　是输卵管的末端，较短呈"S"形，后端开口于泄殖道左侧壁。黏膜向深部凹陷形成许多管状的阴道腺或精小凹，在交配后可贮存精子，并不断释放出来，使卵受精能够持续进行。

（二）生殖生理

1. 公鸡生殖生理

（1）交配　公鸡的求偶行为包括在母鸡周围做旋转运动，待母鸡俯卧后则公鸡爬上，或伸长颈部从母鸡后面强行爬上进行踩踏。交配时，公鸡和母鸡肛门外翻，泄殖道彼此靠近，由于淋巴流入公鸡的交配器而膨胀，阴茎体外侧乳头明显增大，从输精管乳头射出的精液进入阴茎沟，并沿着阴茎沟流入母鸡泄殖道外翻而突出的输卵管口。交配动作完成后，淋巴回流，阴茎体恢复到原来状态。

（2）精液　由精子和精清组成，为白色黏稠不透明的悬浮液，弱碱性，pH 值在 7.0~7.6。精子由睾丸内的精小管产生，外形纤细，可分为头、颈和尾 3 部分。头部呈圆锥形而稍弯曲，主要由细胞核和覆盖在其前方的顶体组成。细胞核主要成分为脱氧核糖核酸（DNA），包含着全部生命的遗传密码，顶体含有穿凿卵膜的数种水解酶，在精子进入卵子过程中起重要作用；颈部又称中段，短而稍粗，是供能部分；尾部较细而长，可以摆动，是精子向前运动的结构。精子的长度为 100 微米左右，其中头为 15 微米，颈为 4 微米，尾为 80 微米。精清主要由精小管、输出管及输精管等上皮细胞所分泌，除稀释精子外，还含有多种营养成分供精子利用。

雏公鸡出壳后一般 10~12 周龄即可产生精液，但只到 22~26 周龄时，在自然交配情况下，才能获得满意的精液量和受精力。鸡没有副性腺（精囊腺、前列腺和尿道球腺），所以射精量少。1 次射精量为 0.6~0.8 毫升，每立方毫米精液中约有精子 350 万个。

2. 母鸡生殖生理

（1）排卵和蛋的形成　在产蛋期母鸡的卵巢内有许多不同发育时期

的卵泡，每一卵泡中有一个卵细胞。随着卵泡的发育，卵细胞内也不断贮积卵黄，卵泡随之逐渐增大。当卵泡发育成熟后，卵泡膜破裂排出卵细胞，随即被输卵管漏斗收纳，在此停留 15~25 分钟，如遇精子即进行受精。另外腺体的分泌物形成卵系带附着在卵的两端，以固定卵的位置。然后，借输卵管的蠕动和黏膜上皮纤毛的摆动将受精卵向后推送。

卵进入膨大部停留时间较长，大约 3 小时。在此处腺体分泌黏稠胶状的蛋白包围在卵的周围，构成蛋的全部蛋白。再向后到峡部，由峡部分泌黏性纤维在蛋白外周形成内、外壳膜。卵在子宫内停留时间最长，约 20 小时。在此处有水分和盐类透过壳膜加入到浅层蛋白中，将浅层蛋白稀释成稀蛋白。另外，子宫腺的分泌物含有碳酸钙、镁等物质，沉积在壳膜外形成蛋壳。蛋壳的色素也是在子宫内形成的。

需要说明的是，不管卵巢排出的卵在漏斗内受精与否，都将按照上述顺序进行，并形成具有硬壳的蛋。所以，蛋有受精的和非受精的两种。

当蛋完全形成后即要产出。产蛋时，靠子宫、阴道和腹壁肌肉的收缩，迫使蛋经阴道及泄殖道排出体外。在连续产蛋的情况下，鸡一般在前 1 个蛋产出后约 30 分钟，卵巢即排出下 1 个卵。大多数良种鸡两次产蛋的间隔时间为 24~26 小时。

（2）受精　精子和卵子结合的过程叫受精，此过程在输卵管漏斗内进行。受精的结果形成合子，即新个体发育的开始。卵从卵巢排出后一般 15 分钟内如遇精子则很快受精。

在自然交配后，部分精子 1 小时可到达漏斗，另一部分精子则贮存在阴道腺内，以备陆续释放。

第二章　鸡病的诊断方法

鸡病的诊断方法包括问诊、群体检查、个体检查、尸体剖检等，这些方法所采用的手段是望、闻、问、切和利用刀、剪及镊子等器械进行尸体解剖来全面地收集有关资料、症状、病理变化，叫临床诊断法。有时，临床诊断难以确诊，就必须进行实验室诊断。

第一节　鸡病诊断中常见的病理变化

在任何疾病的诊断中都会看到不同的病理变化，为了便于互相交流，必须使用正确的语言如实地描述，这种描述可用简要的名词概况表达出来，这些名词成为术语。对术语的理解和使用必须统一，才能达到交流的目的。以下将对鸡病诊断中常用病理变化术语的含义进行简要介绍。

一、充血

（一）充血的定义

充血是指小动脉和毛细血管扩张，流入到组织器官中的动脉血量增加，流出的血量正常，使组织器官中的动脉血量增多的一种现象。

（二）充血的原因

充血可分为生理性充血和病理性充血。生理性充血是由于器官功能加强引起的。病理性充血多是由于致病因素的作用使缩血管神经兴奋性降低，舒血管神经兴奋性升高，而引起小动脉和毛细血管扩张而发生充血。炎性充血则是通过轴突反射引起的。

（三）充血的病理变化

充血（图2-1）时由于组织器官中动脉含血量增多，外观表现为鲜红色，充血的器官稍增大，温度比正常时稍高，组织器官的功能增强。鸡的全身被覆羽毛，所以体表的充血现象不易看到。在尸体剖检时，由于动物死亡后的短时间内小动脉收缩，组织器官中的血液被挤压到静脉中去，多数情况下也难看到。有时可见鸡的肠壁和肠系膜血管充血，表现为明显的树枝状，鲜红色，养殖户反映的肠子严重出血多属此类。

图2-1　肉鸡猝死常见肠系膜血管充血

二、瘀血

（一）瘀血的定义

瘀血是由于小静脉和毛细血管回流受阻，血液瘀积在小静脉和毛细血管中，流入正常，流出减少，使组织器官中静脉血含量增多的现象。

（二）瘀血的原因

可分为全身性瘀血和局部瘀血。全身性瘀血是由于心脏功能障碍和胸腔鸡病引起。局部瘀血是由于局部静脉血管被压迫、阻塞，造成静脉血回流障碍所致。

（三）瘀血的病理变化

由于组织器官中静脉血含量增多，瘀血部位色泽暗红或发紫，体积增大，温度比正常时低，组织器官功能降低。瘀血在尸体剖检中经常见到，如肝瘀血、肺瘀血、肾瘀血，此时肝、肺、肾脏的色泽暗红，湿润有光泽，体积肿大，切开后流出大量暗红色血液。腹水综合征时肠管、脾脏瘀血（图2-2）明显，特别是肠管，表现为肠壁呈暗红色，血管明显增粗，充满暗红色血液。鸡传染性喉气管炎、禽流感、新城疫等疾病时鸡的全身瘀血，头颈部最容易看到，表现为鸡冠、肉髯、皮肤、食管黏膜、气管黏膜呈暗红色或紫红色。

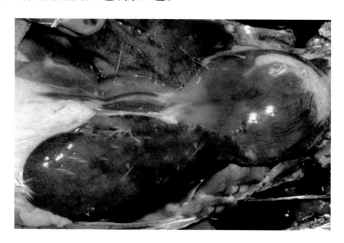

图2-2　肉鸡腹水综合征时出现肝脏、脾脏瘀血

三、出血

（一）出血的定义

血液流出心脏或血管以外称为出血。

（二）出血的原因

出血根据血管损伤程度不同分为破裂性出血和渗出性出血。前者是由于机械损伤导致血管破裂而发生出血。后者是由于在致病因素的作用下导致血管壁的通透性升高而发生出血。在疾病中，特别是传染病时更多见到的是渗出性出血。

（三）出血的病理变化

在多数疾病中发生的出血多表现为点状、斑状或弥漫性出血，色泽呈红色或暗红色。本色较深的器官出血不易观察，如肝脏、脾脏和肾脏。本色浅的器官十分明显。虽然出血的外观表现大致相同，但是不同疾病的出血在发生部位、表现形式等方面有所不同，所以只要掌握其特点，是可以根据出血的变化区别开不同的疾病的。如鸡传染性法氏囊病时多表现为腿肌、胸肌、翅肌的条纹状或斑块状出血（图2-3、图2-4）；鸡传染性贫血时也会在腿肌、胸肌等处发生斑块状出血，但是还会在肝、心、肠壁、输卵管、肾脏等内脏器官发生斑块状出血，特征性的是趾部皮下发生局灶性出血斑（血肿或称血管瘤），血疱自行破溃后出血不止；新城疫时主要是腺胃乳头的点状出血；禽流感时可发生多处出血，如腺胃、心肌、气管黏膜、皮下等处出血，特征性的是腿部鳞片下出血；传染性喉气管炎时主要是喉头和气管黏膜出血；巴氏杆菌病

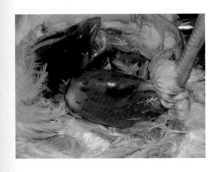

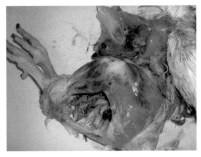

图2-3　鸡传染性法氏囊病时表现的腿肌条纹状或斑点状出血

图2-4　鸡传染性法氏囊病时表现的腿肌条纹状或斑点状出血

时特征性的是心冠脂肪的点状出血和小肠黏膜弥漫性出血；盲肠球虫时主要是盲肠黏膜出血，肠腔内积有大量血液或血凝块；小肠球虫时主要是小肠点状出血，盲肠不出血；卡氏住白细胞原虫病时鸡冠上有针尖状出血点，胸肌、肠浆膜、肠系膜、心外膜、肾脏、肺脏等处出血，有的出血点中心有灰白色小点（巨型裂殖体），严重时肾脏被膜下有大血疱，还会发生便血或咯血；弯曲杆菌性肝炎时主要是肝脏出血，严重时可在肝被膜下形成大的血疱，常因血疱破裂导致腹腔积血。

四、贫血

（一）贫血的定义

单位容积血液内红细胞数或血红蛋白低于正常范围，称为贫血。

（二）贫血的原因

贫血的原因可分为失血性贫血、营养性贫血、溶血性贫血和再生障碍性贫血。鸡球虫病、弯曲杆菌性肝炎等急性出血性疾病可导致失血性贫血；长期营养不良（饲料中蛋白不足）、肠道寄生虫（蛔虫、绦虫）等可导致营养性贫血；附红细胞体病、卡氏住白细胞原虫病、磺胺类药物中毒等可导致溶血性贫血；传染性贫血、包涵体肝炎等可导致再生障碍性贫血。

（三）贫血的病理变化

贫血可分为局部贫血和全身性贫血。鸡的贫血主要是全身性贫血，主要表现为精神沉郁，行动迟缓，消瘦，冠髯苍白（图2-5），血液稀薄，红细胞数量减少，血红蛋白含量降低。肌肉苍白，器官体积缩小，红骨髓减少，被脂肪组织取代，黄骨髓增多。

图2-5 鸡传染性贫血，鸡冠苍白

五、水肿

（一）水肿的定义

组织液在组织间隙蓄积过多的现象称为水肿。

（二）水肿的原因

不同的水肿具体原因不同。由于心脏功能不全引起的水肿叫心性水肿；由于肾功能不全引起的水肿叫肾性水肿；由于肝功能不全引起的水肿叫肝性水肿；由于营养不良引起的水肿叫营养性水肿；炎症部位发生的水肿叫炎性水肿。鸡腹水综合征、维生素 E-Se 缺乏症属于心性水肿，法氏囊病时法氏囊的水肿属于炎性水肿。

（三）水肿的病理变化

鸡的水肿表现为局部皮下、肌间呈淡黄色或灰白色胶冻样浸润，如维生素 E-Se 缺乏时腹下、颈部等部位呈淡黄色或蓝绿色黏液样水肿；法氏囊病时法氏囊呈淡黄色胶冻样水肿（图 2-6）；腹水综合征则表现为腹腔积水，呈无色或灰黄色。

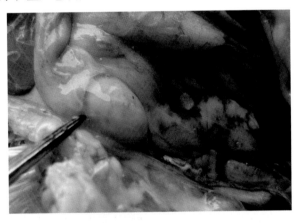

图 2-6　肉鸡传染性法氏囊病时表现法氏囊水肿

六、萎缩

（一）萎缩的定义

已经发育到正常大小的组织、器官，由于物质代谢障碍导致体积小、功能减退的过程，称为萎缩。

（二）萎缩的原因

萎缩的根本发病原因可分为生理性萎缩和病理性萎缩。生理性萎缩是随着年龄增长，某些组织器官的生理功能自然减退，代谢过程降低而发生的萎缩。如动物的胸腺、乳腺、卵巢、睾丸、法氏囊等器官到一定年龄后即开始发生萎缩，所以又称为年龄性萎缩。病理性萎缩是在致病因素的作用下发生的萎缩，它又可分为全身性萎缩和局部性萎缩。全身性萎缩是由于长期营养不良、慢性消化道疾病、恶性肿瘤、寄生虫病等慢性消耗性疾病引起的。局部萎缩发生的原因有：外周神经损伤、局部组织器官受到长期压迫、长期缺乏活动以及激素供应不足或缺乏。

（三）萎缩的病理变化

在鸡中常见全身性萎缩，表现为生长发育不良，机体消瘦贫血，羽

图2-7 肉鸡痛风时，鸡体消瘦，肌肉萎缩

毛松乱无光、冠髯萎缩、苍白，血液稀薄，全身脂肪耗尽，肌肉苍白、减少，器官体积缩小、重量减轻，肠壁菲薄。如肉鸡痛风时，鸡体消瘦，肌肉萎缩（图2-7）。局部萎缩常见于马立克氏病时受害肢体鸡肉严重萎缩。肾脏萎缩时体积缩小，色泽变淡。

七、坏死

（一）坏死的定义

活体内局部组织或细胞的病理性死亡称为坏死。

（二）坏死的原因

任何致病因素作用于机体达到一定强度或持续一定时间，使细胞或组织的物质代谢发生严重障碍时，都可引起坏死。常见的原因有：生物性因素，如各种病原微生物、寄生虫以及毒素；理化学因素，如高温、低温、化学毒物等；机械性因素，如各种机械性损伤；血管源性因素，如血管受压、血栓形成和栓塞导致血液循环障碍；神经因素，如中枢神经或外周神经损伤。

（三）坏死的病理变化

组织坏死的早期外观往往与原组织相似，不易辨认。时间稍长可发现坏死组织失去正常光泽或变为苍白色，浑浊（图2-8）；失去正常组织的弹性，捏起或切断后，组织回缩不良；没有正常的血液供应，故皮肤温度降低。在清创术中切割坏死组织时，没有鲜血自血管中流出；失去正常感觉及运动功能等。在坏死发生2~3天后，坏死组织周围出现一条明显的分界性炎性反应带，有的坏死液化或形成坏疽。

（四）坏死的结局

1. 吸收再生

小范围的坏死灶，被来自坏死组织本身或中性粒细胞释放的蛋白分解酶分解、液化，随后由淋巴管或血管吸收，不能吸收的碎片由巨噬细

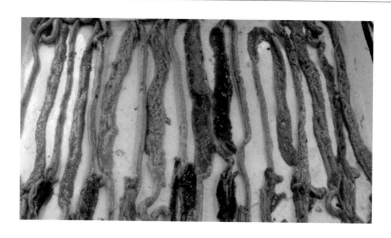

图2-8　肉鸡坏死性肠炎时肠黏膜坏死

胞吞噬和消化。缺损的组织由邻近健康组织再生而修复。

2. 腐离脱落

较大范围的坏死灶，由于坏死组织与健康组织之间出现炎症反应，能促使坏死组织与周围健康组织逐步分离脱落，称为腐离。皮肤或黏膜的坏死灶腐离脱落后，局部留下缺损，浅的缺损称为糜烂，深的称为溃疡。糜烂或溃疡可通过周围新生结缔组织的再生而修复。肺脏组织的较大坏死灶脱落排出后留下的较大空腔，称为肺空洞。

3. 机化、包囊形成和钙化

当坏死组织范围较大，不能完全吸收再生和腐离脱落，可由坏死灶周围新生的毛细血管和成纤维细胞形成的肉芽组织逐渐生长进去，把坏死组织溶解和替代，最后形成疤痕，这个过程称为机化。如果坏死组织不能被结缔组织完全替代机化时，则可由新生的肉芽组织将坏死组织包裹起来，称为包囊形成。其中的坏死组织逐渐干燥可能会出现钙盐沉着，即发生钙化。

第二节　鸡病的临床诊断方法

临床诊断方法中，望，就是利用视诊观察鸡群的精神状态和病鸡的临床症状，如鸡冠、肉髯、皮肤、羽毛和趾等体表部分有无异常。闻，就是利用听诊和嗅诊获取有关资料和症状。听，就是用耳朵去听，远听可在晚上到鸡舍的一角或窗口，听鸡群有无异常声音，当鸡群患呼吸道疾病时，可听到甩鼻音、咳嗽、呼噜和鸣管音；近听可直接将耳贴近鸡头部，仔细听其呼吸过程，可听到呼噜声和嘶嘶声，通过听诊可以了解鸡群病鸡的多少、严重程度等情况。嗅诊就是用鼻子去闻鸡舍有无氨气和煤气味，病鸡鼻腔、口腔和气管分泌物有无臭味和酸败气味，粪便是否有恶臭气味等。问，就是通过询问和调查搜集有关资料和症状。切，就是用手进行触诊，了解鸡的营养状况是否良好，体温是否升高，胸骨是否变形，腹腔脏器有无异常等情况。

一、问诊

通过询问和调查了解弄清有关发病的因素，找出有规律性的材料，再结合其他诊断方法，综合分析，提出诊断结果，为疾病的治疗提供依据。问诊的内容比较广泛，每一种鸡病需要调查的内容也不完全相同。问诊应根据鸡病发生的特点，有针对性地进行调查。问诊的内容包括：病史、饲养管理、防疫情况、流行病学特点、诊断及治疗情况等。

（一）病史

通过对养鸡场主和养鸡户进行问诊，了解发病鸡群过去的有关情况。询问的内容包括：该鸡场过去发生过什么重大疾病；是否发生过类似疾病；如果发生过类似疾病，很可能是旧病复发，应当详细了解当时疾病的发生、发展及治疗情况；如果没有发生过类似疾病，则可能是发生了新的疾病。

（二）饲养管理情况

要了解鸡舍的饲养密度是否过大，通风是否良好，温度、湿度和光照是否合适及最近有无突然改变，饲料配方是否合理，最近有无更换饲料，饲料有无发霉变质成分，最近使用了哪些饲料添加剂和药物，是否过量。鸡舍的消毒情况，用什么消毒剂，浓度如何，消毒的间隔时间。多长时间清粪一次，鸡舍内气味好坏，氨味是否太大，冬季有无煤气等。对上述情况综合分析，查找病因。

（三）防疫情况

主要了解鸡群的免疫程序及其实施情况，如鸡群接种过什么疫（菌）苗，接种的时间、剂量和途径，疫（菌）苗的种类、生产厂家、保存情况，是否过了失效期；如果是冻干苗，应了解是怎样稀释的，正常情况下，应该用医用生理盐水或凉开水稀释，如果用井水或自来水都会影响免疫效果；如果是灭活苗，应了解接种途径，若是注射免疫，注射较浅则易引起外流，影响免疫效果；如果是饮水免疫，饮苗前应停水1~3小时，然后加适量的水饮苗，加水量大喝不完，造成免疫剂量不足，量小有部分鸡喝不上，导致免疫效果不整齐；滴鼻、点眼免疫时，一定要等到鸡吸入后再放鸡，否则，疫（菌）苗易被甩出，达不到免疫效果。

当遇到有关免疫的问题时，一定要向专业人员咨询，切不可盲目从事。有资料介绍，近年来在免疫接种方面有两种错误的倾向需要纠正。一是认为疫苗接种剂量越大越好，任何一种疫苗的接种剂量都是经过严格的科学实验以后确定的，一般情况下，按照疫苗使用说明书的要求去做，就能获得良好的免疫效果。由于近年来一些疫苗毒株的退化，免疫力有所下降，因此适当增加1~2倍疫（菌）苗的剂量是可以的。但绝不可无限地加大剂量，因为当疫苗剂量加大到一定程度时，引起鸡体免疫麻痹，即免疫抑制，导致免疫失败。二是为图省事，将几种不同种类、不同类型的疫（菌）苗混合在一起使用。如将新城疫苗与传染性法氏囊炎苗或传染性支气管炎苗混合在一起使用；或者将水苗、冻干苗

与油苗混合使用，均易导致免疫失败。这已成为近几年来免疫失败率上升，导致鸡病蔓延的重要因素之一。

（四）流行病学特点

主要了解现行鸡病的发生时间、传播速度和临床症状；病鸡的日龄、数量及死亡情况，是散发还是群发；病情的轻重缓急；是否进行过治疗，用了什么药，是否有效，再结合发病的季节，借以推测是病毒性疾病，还是细菌性疾病或中毒性疾病。如果用抗生素药物治疗后，症状迅速减轻，则可能是细菌性疾病，否则，可能是病毒性疾病。如果突然大批发病死亡，且多为壮鸡，则可能是中毒性疾病。同时，还要考虑附近养鸡场的发病情况，如果周围鸡场也发病，而且与本场病鸡的症状相似，则可能是一种急性病毒性传染病，如新城疫、传染性喉气管炎、传染性支气管炎、传染性腔上囊炎、鸡痘、肾型传染性支气管炎和禽流感等病。对个别特殊疾病，如传染性脑脊髓炎，还要从引进种蛋、种鸡的种鸡场和地区进行流行病学调查，了解同批种蛋孵出的雏鸡有无类似疾病发生，如果也发生了类似的疾病，则表明该病有可能与种鸡有关。

二、群体检查

在养鸡生产中必须经常深入鸡舍查看鸡群的健康状况，以便及时发现问题，采取相应措施，确保鸡群的健康生长。

在群体检查时，首先在鸡舍前边直接观察大群情况，然后进入鸡舍对整个鸡群进行检查，主要观察鸡群精神状态、运动状态、采食、饮水、粪便、呼吸以及生产性能等。

（一）观察鸡群精神状态

通过对精神状态的观察，了解疾病发展的进程和时期。

1. 正常状态下

鸡对外界刺激反应比较敏感，听觉敏锐，两眼圆睁有神。有一点刺激就头部高抬，来回观察周围动静，严重刺激会引起惊群、发出鸣叫。

当走过鸡群时，观察鸡群是否有足够的好奇心，是平静还是躁动，是否全部站立起来，并发出叫声，眼睛看着你（图2-9）。那些不能站立的鸡，可能就是弱鸡或病鸡。

图2-9　警觉的鸡群

2. 病理状态下

在病态时首先反应到精神状态的变化，会出现精神兴奋、精神沉郁和嗜睡。

（1）兴奋　对外界轻微的刺激或没有刺激就表现强烈的反应，引起惊群、乱飞、鸣叫，鸡群中出现乱跑的鸡只（图2-10）。临床多表现为药物中毒、维生素缺乏等。

（2）精神沉郁　鸡群对外界刺激反应轻微，甚至没有任何反应，表现呆立、头颈卷缩、两眼半闭、行动呆滞等（图2-11）。临床上许多疾病均会引起精神沉郁，如雏鸡沙门氏菌感染、禽霍

图2-10　鸡群中出现乱跑的鸡只

乱、法氏囊炎、新城疫、禽流感、传染性支气管炎、球虫病等。

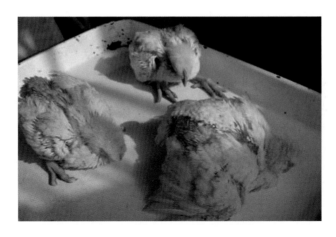

图 2-11　法氏囊炎时病鸡精神沉郁

（3）嗜睡　重度的萎靡、闭眼似睡、站立不动或卧地不起，给以强烈刺激才引起轻微反应甚至无反应（图 2-12），可见于许多疾病后期，往往预后不良。

图 2-12　病鸡嗜睡

（二）观察鸡群采食状况

采食状态观察除了解鸡群每天的耗料外，观察鸡的食欲（特别是刚喂完料或匀料后）、料槽内剩料多少等。病理状态下采食量增减直接反映鸡群健康状态，多见于以下几种情况。

1. 采食量减少

表现加入料后，采食不积极，食几口后退缩到一侧，料槽余量过多。比正常采食量下降，临床中许多病均能使采食量下降，如沙门氏菌、霍乱、大肠杆菌病、败血型支原体、新城疫、禽流感等。

2. 采食量废绝

多见于病后期，往往预后不良。

3. 采食量增加

多见于食盐过量，饲料能量偏低，或在疾病恢复过程中采食量会不断增加，反映疾病好转。

（三）观察鸡群粪便变化

许多疾病均会引起粪便变化和异常，因此粪便检查中具有重要意义。粪便检查应注意粪便性质、颜色和粪便内异物等情况。主要看粪板上和刮粪后粪沟内粪便。

1. 正常粪便的形态和颜色

正常情况下鸡粪像海螺（或逗号）一样，上面有一点白色的尿酸盐颜色，多表现为棕褐色（图2-13）。

（1）温度对粪便的影响　因粪道和尿道相连于泄殖腔，粪尿同时排

图2-13　正常的小肠粪便呈逗号状　　图2-14　舍温增高，鸡排出水样稀便

出，鸡又无汗腺，体表覆盖大量羽毛。因此舍温增高，粪便变得相对比较稀，特别是夏季会引起水样腹泻（图2-14）。温度偏低，粪便变稠。

（2）饲料原料对鸡粪便的影响　若饲料中加入杂饼杂粕（如菜籽粕）、加入抗生素与药渣会使粪便发黑；若饲料加入白玉米和小麦会使粪便颜色变浅变淡。

（3）药物对粪便影响　若饲料中加入腐殖酸钠会使粪便变黑。

2. 粪便异常变化

在排除上述影响粪便的生理因素、饲料因素、药物因素以外，若出现粪便异常多为病理状态，临床多见有粪便颜色变化、粪便性质变化、粪便异物等。

（1）粪便颜色变化　粪便发白：粪便稀而发白如石灰水样（图2-15），在泄殖腔下羽毛被尿酸盐污染呈石灰水渣样，就要考虑法氏囊炎、肾型传支、雏鸡白痢、钙磷比例不当、维生素D缺乏、痛风等；鲜血便：粪便呈鲜红色血液流出，多见盲肠球虫、啄伤或肠道后段出血；发绿：粪便颜色发绿呈草绿色，多见新城疫感染、伤寒和慢性消耗性疾病（马立克氏病、淋巴白血病、大肠杆菌引起输卵管内有大量干酪物）。另外当鸡舍通风不好时，环境的氨气含量过高，粪便亦呈绿色；发黑：粪便颜色发暗发黑呈煤焦油状，考虑小肠球虫、出血性肠炎、肌胃糜烂出血；黄绿便：粪便颜色呈黄绿带黏液，注意坏死性肠炎、流感等；鱼肠子样粪便（图2-16）、西瓜瓤样便（图2-17）：粪便内带有

图2-15　伴有大量尿酸盐的料粪

图2-16　鱼肠子样稀便，
伴有多量尿酸盐

黏液，红色似西红柿酱色，多见小肠球虫、出血性肠炎或肠毒综合征。发热性鸡病的恢复期多排出绿色稀薄粪便（图 2-18）。

图 2-17　伴有大量尿酸盐的　　　　图 2-18　恢复期排出绿色稀薄粪便
　　　　西瓜瓤样便

（2）粪便性质变化　水样稀便：粪便呈水样，临床多见食盐中毒、卡他性肠炎；粪便中有大量未消化的饲料：粪酸臭，多见消化不良，肠毒综合征（图 2-19、图 2-20）；粪便中带有黏液：粪便中带有大量脱落上皮组织和黏液，粪便腥臭，临床多见坏死性肠炎、流感、热应激等。

图 2-19　稀薄的料粪　　　　　　　图 2-20　料粪

（3）粪便异物　粪便中带有蛋清样分泌物，小鸡多见于法氏囊炎；成鸡多见于输卵管炎、禽流感等；带有黄色干酪物：粪便中带有黄色纤维素性干酪物结块，临床多见于因大肠杆菌感染而引起的输卵管炎症；带有白色米粒大小结节：临床多见绦虫病；粪便中带有泡沫：若小鸡在粪便中带有大量泡沫，临床多见小鸡受寒或加葡萄糖过量或用时间过长引起；粪便中有假膜：在粪便中带有纤维素，脱落肠段样假膜，临床多见堆式球虫、坏死性肠炎等；粪便中带有大线虫：临床多见线虫病。

（四）观察鸡群生长发育及生产性能

1.肉鸡及后备鸡

肉鸡及后备鸡主要观察鸡只生长速度，发育情况及均匀度。若鸡群生长速度正常，发育良好，整齐度基本一致。突然发病，多见于急性传染病或中毒性疾病；若鸡群发育差，生长慢，整齐度差，临床多见于慢性消耗性疾病，营养缺乏症或抵抗力差而继发其他疾病。

2.产蛋鸡

蛋鸡主要观察产蛋率、蛋重、蛋壳质量、蛋内部质量变化。

（1）产蛋率下降　引起产蛋率下降的疾病很多，如减蛋综合征、脑脊髓炎、新城疫、禽流感、传染性支气管炎、传染性喉气管炎、大肠杆菌、沙门氏菌感染等。

（2）薄壳蛋、软壳蛋增多　拣鸡蛋时发现有薄壳蛋、软壳蛋增多，在粪沟内有大量蛋清和蛋黄，多见钙磷缺乏或比例不当、维生素D缺乏、禽流感、传染性支气管炎、传染性喉气管炎、输卵管炎等。

（3）蛋壳颜色、蛋壳质量变化　褐壳蛋鸡若出现白壳蛋增多，临床多见钙磷比例不当、维生素D缺乏、禽流感、传染性支气管炎、传染性喉气管炎、新城疫等。

（4）小蛋增多　多见于输卵管炎、禽流感等。

（5）蛋清稀薄如水　若打开鸡蛋，蛋清稀薄如水，临床多见传染性支气管炎等。

做好鸡群群体观察工作，要从细微入手，切不能发现一只或几只异常表现的鸡就乱下结论，也不能因大群正常而忽视少数异常变化的鸡；同时要做好鸡群观察记录，将每日对鸡群观察到的情况进行记录，一旦发现鸡群异常，可以联系以往记录，分析、判断发生异常的原因，及时采取措施。总之必须做到认真仔细地去分析、观察，从而确保鸡的健康生长。

三、个体检查

鸡群观察时首先经过群体观察的鸡群，挑选出具有特征病变的个体要进一步做个体检查。个体检查除对食欲、饮水、粪便检查外，还要进行体温检查、呼吸系统检查、外观检查（冠部检查、眼部检查、鼻腔检查、口腔检查、皮肤及羽毛检查、颈部检查、胸部检查、腹部检查、腿部检查）等。

（一）体温检查

体温变化是家禽发病的标志之一，可通过用手触摸鸡体来感觉。

1. 正常鸡体温

正常的鸡只体温为 41.5℃（40~42℃）。

2. 病理状态下体温变化

（1）体温升高　有热源性刺激物作用时，体温中枢神经机能发生紊乱，产热和散热的平衡受到破坏，产热增多，散热减少而使体温升高，并出现全身症状称发热。引起发热性疾病很多，许多传染性疾病也会引起鸡只发热，如禽霍乱、沙门氏菌病、新城疫、禽流感、热应激等。

（2）体温下降　鸡体散热过多而产热不足，导致体温在正常以下称体温下降。病理状态下体温下降多见于营养不良、营养缺乏、中毒性疾病和濒死期鸡只。

（二）呼吸系统观察

临床上鸡的呼吸系统疾病占 70% 左右，许多传染病均引起呼吸道症状，因此呼吸系统检查意义重大。

呼吸系统检查主要通过视诊、听诊来完成。视诊主要观察呼吸状况、是否甩血样黏条、查看鼻腔内有无黏液等；听诊主要听群体中呼吸道是否有杂音，最好在夜间熄灯后慢慢进入鸡舍进行听诊。

病理状态下呼吸系统异常

（1）张嘴伸颈呼吸　表现呼吸困难，多由呼吸道狭窄引起，临床多见传染性喉气管炎后期、白喉型鸡痘、支气管炎后期（图2-21）；小鸡出现张嘴伸颈呼吸多见肺型白痢或霉菌感染。热应激时也会出现张嘴呼吸，应注意区别。

（2）甩血样黏条 在走道、笼具、食槽等处发现有带黏液血条，临床多见喉气管炎。

（3）甩鼻音 听诊时听到鸡群有甩鼻音，临床多见传染性鼻炎、支原体病等。

（4）怪叫音 当鸡只喉头

图2-21 病鸡张口伸颈呼吸

部气管内有异物时会发出怪音，临床多见传染性喉气管炎、白喉型鸡痘等。

（5）检查鼻腔 用左手固定鸡的头部，先看两鼻腔周围是否清洁，然后用右手拇指和食指挤压两鼻孔，观察鼻孔有无鼻液或异物。

健康鸡只鼻孔无鼻液。病理状态下出现有示病意义的鼻液，如透明无色的浆液性鼻液，多见于卡他性鼻炎；黄绿色或黄色半黏液状鼻液，黏稠、灰黄色、暗褐色或混有血液的鼻液，混有坏死组织、伴有恶臭鼻液多见于传染性鼻炎；鼻液量较多常见于鸡传染性鼻炎、禽霍乱、禽流感、鸡败血型霉形体病等。此外，鸡新城疫、传染性支气管炎、传染性喉气管炎等过程中亦有少量鼻液。当维生素A缺乏时，可挤出黄色干酪样渗出物；当鼻腔内有痘斑多见于禽痘。

（三）鸡只的外观检查

1. 冠和肉髯检查

正常状态下冠和肉垂鲜红色，湿润有光泽，用手触诊有温热感觉。病理状态下冠和肉垂的变化。

（1）冠和肉垂出现肿胀 临床多见于禽霍乱、禽流感（图2-22）、严重大肠杆菌病和颈部皮下注射疫苗引起。

（2）冠和肉垂出现苍白 若冠和肉垂不萎缩单纯性出现苍白，多见于白冠病、小肠球虫病、弧菌肝炎、啄伤等，或者为内出血。

（3）冠萎缩　临床多见冠和肉垂由大变小，出现萎缩，颜色发黄，冠和内垂无光泽，临床多见于消耗性疾病，如马立克氏病、淋巴白血病、因大肠杆菌感染引起输卵管炎或其他病感染引起卵泡萎缩等。

（4）冠和肉垂发绀　临床出现冠和肉垂呈暗红色，多见于新城疫、禽霍乱、呼吸系统疾病等。

（5）冠和肉垂呈现蓝紫色　临床多见 H5 禽流感感染（图 2-23）。

（6）有痘斑　临床多见禽痘。

2. 眼部检查

正常情况下鸡两眼有精神，特别是两眼圆睁，瞳孔对光线刺激敏感，结膜潮红，角膜白色。在检查眼时注意观察眼睑有无烂眼、有无出血和水肿、瞳孔情况和眼内分泌物情况。

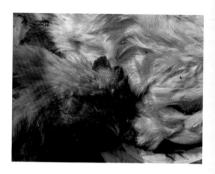

图 2-22　禽流感病鸡鸡冠、肉髯肿胀、发紫

图 2-23　H5 流感时冠和肉垂呈紫色

病理状态下眼部有如下病变。

（1）半睁半闭状态　眼部变成条状，临床多见传染性喉气管炎，环境中氨气、甲醛浓度过高。

（2）眼部出现流泪　严重时眼下羽毛被污染，临床多见传染性眼炎、传染性鼻炎、传染性喉气管炎、鸡痘、支原体感染以及氨气、甲醛浓度过高。

（3）眼部出现肿胀　严重时上下眼睑结合在一起，内积大量黄色豆腐渣样干酪物。多为支原体、黏膜型鸡痘、维生素 A 缺乏、鸡大肠杆菌、葡萄球菌、铜绿假单胞菌感染等。

（4）角膜浑浊　严重形成白斑和溃疡，临床多见眼型马立克。

（5）结膜形成痘斑　临床多见黏膜型鸡痘。

3. 脸部检查

（1）脸部正常表现　正常情况脸部红润，有光泽，特别是产蛋鸡更明显。脸部检查时特别注意脸部颜色、是否出现肿胀和脸部皮屑情况。

（2）脸部出现肿胀　若用手触诊脸部出现发热，有波动感，临床多见禽霍乱、传染性喉气管炎；用手触诊无波动感多见于支原体感染、禽流感、大肠杆菌病、鼻炎；若两个眶下窦肿胀多见于窦炎、支原体等。

4. 皮肤及羽毛检查

正常情况下，羽毛整齐光滑、发亮、排列匀称。同时羽毛蓬松、体形膨胀，给人们一种鸡体轮廓不清的感觉。

（1）羽毛变化　两翅下垂，失去光泽，多为慢性营养不良的表现；羽毛倒竖，乍毛，一般为高热、寒战的表现（图2-24）；羽毛脱落、光秃，常见于维生素A缺乏、体表寄生虫性疾病。

图2-24　鸡群乍毛

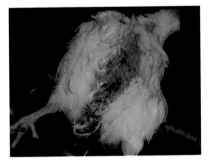

图2-25　皮肤型鸡痘

（2）皮肤变化　皮肤上形成肿瘤，临床多见于皮肤型马立克氏病；皮肤上结痂，多见于皮肤型鸡痘（图2-25）；脐部愈合差、发黑，腹部较硬：多见于沙门氏菌、大肠杆菌、葡萄球菌、铜绿假单胞菌感染引起的脐炎；皮下形成气肿：严重时像气球吹过一样，临床多见于外伤引起气囊破裂进入皮下引起。

5. 腹部检查

鸡的腹部是指胸骨和耻骨之间所形成的柔软的体腔部分。胸部检查的方法主要通过触诊来检查。

（1）腹部正常表现　正常情况下家禽腹部大小适中，相对比较丰满，特别是产蛋鸡、肉鸡用手触诊温暖柔软而有弹性，在腹部两侧后下方可触及到肝脏后缘，腹部下方可触及到较硬的肌胃（产蛋鸡的肌胃注意不应与鸡蛋相混淆）。

（2）腹部异常表现　腹部容积变小，临床多见家禽采食量下降和产蛋鸡的停产引起的；腹部容积变大，若蛋鸡腹部较大（图2-26），走路像企鹅，用手触摸有波动感，多见早期感染传染性支气管炎、衣原体引起的输卵管不可逆病变，导致的大量蛋黄或水在输卵管内或腹腔内聚集；若雏鸡腹部较大，用手触摸较硬，临床多见于由大肠杆菌、沙门氏菌或早期温度过低引起卵黄吸收差所致。

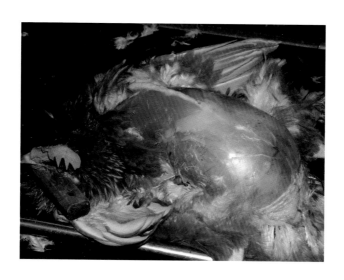

图2-26　腹水

（四）鸡只的运动异常

1. 跛行

跛行是临床最常见的一种运动异常，临床表现为腿软、瘫痪、喜卧地，运动时明显跛行，临床多见于钙磷比例不当、维生素 D_3 缺乏、痛风、病毒性关节炎、滑液囊支原体、中毒；小鸡跛行多见于新城疫、脑脊髓炎、维生素E亚硒酸钠缺乏。

2. 劈叉

青年鸡一腿伸向前，一腿伸向后，形成劈叉姿势或两翅下垂，多见神经型马立克氏病（图2-27）。

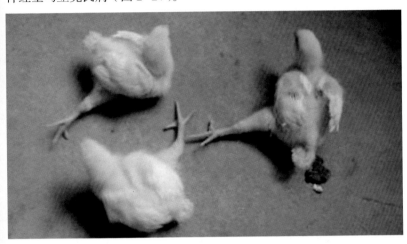

图2-27　神经型马立克氏病病鸡劈叉姿势

3. 扭头

图2-28　新城疫导致的扭颈

病鸡头部扭曲，在受惊吓后表现更为明显，临床多见新城疫后遗症（图 2-28）。

4. 偏瘫

小鸡偏瘫在一侧，两肢后伸，头部出现震颤，多见于禽脑脊髓炎。

5. 肘部外翻

家禽运动时肘部外翻，关节变短、变粗，临床多见于锰缺乏。

6. 企鹅状姿势

腹部较大，运动时左右摇摆幅度较大，像企鹅一样运动，多见于早期传染性支气管炎或衣原体感染导致输卵管永久性不可逆损伤引起"大裆鸡"，或大肠杆菌引起的严重输卵管炎（输卵管内有大量干酪物）。

7. 两腿后伸

产蛋鸡早上起来发现两腿向后伸直，出现瘫痪，不能直立，个别鸡舍外运动后恢复，多为笼养鸡产蛋疲劳症。

8. 犬坐姿势

禽类呼吸困难时往往表现呈犬坐姿势，头部高抬，张口呼吸，跗部着地。小鸡多见于曲霉菌感染、肺型白痢，成鸡多见于喉气管炎、白喉型鸡痘等。

9. 骨折

转群或抓鸡手法不对导致骨折。

鸡病的种类很多，同一种疾病的症状也可能不完全相同。另外疾病也分急性和慢性，这就给鸡病的诊断带来了一定困难。因此必须做好鸡群的观察，仔细掌握鸡只群体和个体的表现，再结合病理解剖的综合分析，才能为疾病的诊断做出正确的判断。

第三节　鸡尸体剖检技术

一、尸体剖检的目的

随着养鸡业的发展，鸡病的发生频率越来越高，种类越来越多，迫切需要提高鸡病的诊治水平，尸体剖检是诊断鸡病、指导治疗的重要手段之一。

1. 可以验证临床诊断和治疗的正确性

鸡发生各种疾病时，除少数疾病外，临床症状多表现相似，没有什么特征症状，只靠临床表现很难确定发生何种疾病。尸体剖检可以通过直接观察各种疾病时所表现的病理变化，结合临床症状对疾病作出初步诊断，有的可以确诊。通过病理变化进一步推断疾病的发生、发展和转归，从而检验治疗效果。

2. 可以预防疫病的暴发

在养鸡场中，建立常规的尸体剖检制度，每日对病、残、死鸡进行尸体剖检，可以及时发现鸡群中存在的问题，采取防治措施，防止疾病的暴发和蔓延。

二、尸体剖检的要求

1. 正确地掌握和运用尸体剖检方法

如果掌握的方法不熟练，操作不规范，不按剖检顺序操作，乱切乱割，结果找不到病因，查不明病变，造成错误诊断，贻误防治时机。

2. 严格消毒，防止疾病散播

在剖检中必须注意严格的消毒，如果消毒不严格，尸体处理不当，剖检地点不合适，不仅造成疫病散播而且引起自身的感染，所以，在进行尸剖检时要有防护措施。

三、尸体剖检的准备

1. 剖检地点

养鸡场应建立尸体剖检室，剖检室应建筑在远离生产区和生活区的下风方向，供水和排水方便，剖检室内光线要充足，建筑材料应便于洗刷和消毒，污水必须经过严格的消毒以后才可排放。剖检室内应设置剖检台，其大小、高低以便于工作为度，建筑材料应耐腐蚀，便于活刷和消毒。

养鸡场无尸体剖检室，尸体剖检应选择在比较偏僻的地方，并尽可能远离生产区、生活区、公路、水源。以免剖检后，尸体的粪便、血污、内脏、杂物等污染水源、河流，或由于人来车往等散播病原，招致疫病散播。

2. 剖检用具

对于鸡的尸体剖检，一般情况下，有剪子、镊子即可工作。根据需要还可准备骨剪，手术刀、标本缸、广口瓶、福尔马林等。其他的如工作服、胶靴、围裙、橡胶手套、肥皂、毛巾、水桶、脸盆、消毒剂等，根据条件准备。

3. 尸体处理设施

有条件的鸡场应建筑焚尸炉或尸体发酵池，以便处理剖检后的尸体，其地址的选择既要防止病原污染环境，又要使用方便。无条件的鸡场对剖检后的尸体要进行焚烧或深埋。

4. 其他设施

根据鸡场的规模、任务的大小和条件，还可设立准备室、洗澡更衣室。

四、尸体剖检注意事项

① 工作人员在剖检前应穿戴好工作服、胶靴、围裙、套袖、橡胶手套、帽子和口罩，作好自身防护。

② 剖检人员应严肃认真地检查病变，切勿草率从事。如需进一步检查病原病理变化，应取材送检。

③ 检查脏器断面，要自前向后一刀切下，不要来回拉锯样的切割，以免断面参差不齐，影响细微病变的观察。

④ 未经仔细检查各相连的组织前，不可随便切断，破坏其联系，更不可在腹腔内切断管状脏器（肠道、输卵管等），造成其他脏器污染，给病原分离带来困难。

⑤ 在剖检中，如工作人员不慎割破自己的皮肤，应立即停止工作，先用清水冲洗，挤出污血，涂上碘酒，包敷纱布和胶布。若剖检中的液体（血液、分泌物、污水等）溅入眼内时，先用清水冲洗，再用20%硼酸水冲洗。

⑥ 剖检后，所用的工作服、胶靴等防护用具应及时冲洗、消毒。剖检用具要刷洗干净，消毒后保存。剖检人员要洗手、洗脸，用75%酒精消毒。如手仍有残留脓、粪等恶臭气味时，可用温的、较浓的高锰酸钾溶液浸泡，然后用20%草酸溶液洗手，褪去紫色，再用清水冲洗即可。

五、尸体剖检的方法

鸡的尸体剖检方法包括：了解死鸡的一般状况，外部检查和内部检查。

（一）了解死鸡的一般状况

除知道鸡的品种、性别和日龄外，还要了解鸡群的饲养管理、饲料、产蛋、免疫，用药发病经过，临床表现及死亡等情况。

（二）外部检查

查看全身羽毛的状况（图2-29），是否有光泽，有无污染、蓬乱、脱毛等现象。

查看泄殖腔周围的羽毛有无粪便沾污（图2-30），有无脱肛、血便。

图2-29　查看全身羽毛状况　　　　图2-30　查看泄殖腔周围的羽毛

查看营养状况和尸体变化（尸冷、尸僵、尸体腐败），皮肤有无肿胀和外伤。因肾型传染性支气管炎死亡的鸡，尸体消瘦，脱水（图2-31）。

图2-31　查看营养状况和尸体变化

查看关节及脚趾有无肿胀或其他异常，骨骼有无增粗和骨折。图2-32、图2-33是因病毒性关节炎导致的跗关节肿胀。

图2-32　查看脚趾

图2-33　查看关节

查看冠和髯的颜色、厚度，有无痘疹，脸部和颜色及有无肿胀。图2-34、图2-35是因鸡痘导致的冠、髯长满痘疮。

图2-34　查看冠颜色、厚度

图2-35　查看髯颜色、厚度

查看口腔和鼻腔有无分泌物及其性状，两眼的分泌物及虹彩的颜色（图2-36至图2-39）。

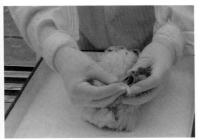

图 2-36　查看口腔

图 2-37　查看眼睛

图 2-38　查看虹彩

图 2-39　查看眼睛分泌物

　　最后触摸腹部是否变软或有积液（图 2-40）。

（三）内部剖检

　　剖检前，最好用水或消毒液将尸体表面及羽毛浸湿（图 2-41），防止剖检时有绒毛和尘埃飞扬。

　　1. 皮下检查

　　尸体仰卧（即背位），用力掰开两腿，使髋关节脱位，使鸡的尸体固定（图 2-42）。

图 2-40　触摸腹部

图2-41　剖检前浸湿体表　　　　图2-42　用力掰开两腿

手术剪剪开腿腹之间的皮肤，两腿向后反压，直至关节轮和腿肌暴露出来（图2-43、图2-44）。观察腿肌是否有出血等现象。

图2-43　剪开腿腹皮肤　　　　　图2-44　两腿向后反压

在胸骨脊部纵行切开皮肤，然后向前、后延伸，剪开颈、胸、腹部皮肤，剥离皮肤，暴露颈、胸、腹部和腿部肌肉，观察皮下脂肪含量、皮下血管状况、有无出血和水肿；观察胸肌的丰满程度、颜色，胸部和腿部肌肉有无出血和坏死，观察龙骨是否弯曲和变形（图2-45、图2-46）。

图2-45 在胸骨脊剖纵行切开皮肤

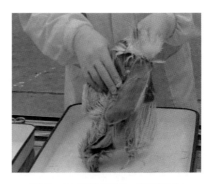

图2-46 观察胸部、腿部肌肉

检查颈椎两侧的胸腺大小及颜色，有无出血和坏死；检查嗉囊是否充盈食物，内容物的数量及性状（图2-47、图2-48）。

图2-47 检查胸腺

图2-48 检查嗉囊

2. 内脏检查

在后腹部，将腹壁横行切开（或剪开）顺切口的两侧分别向前剪断胸肋骨，乌喙骨和锁骨，掀除胸骨、暴露体腔（图2-49、图2-50）。注意观察各脏器的位置、颜色。浆膜的情况（是否光滑、有无渗出物及性状，血管分布状况），体腔内有无液体及其性状，各脏器之间有无粘连。

图2-49　横行剪开腹部

图2-50　观察各脏器

　　检查胸、腹气囊是否增厚、混浊，有无渗出物及其性状，气囊内有无干酪样团块，团块上有无霉菌菌丝（图2-51）。

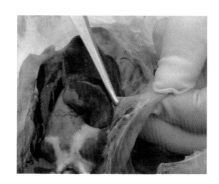

图2-51　检查气囊

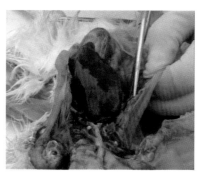

图2-52　检查肝脏

　　检查肝脏大小、颜色、质度、边缘是否钝，形状有无异常，表面有无出血点、出血斑、坏死点或大小不等的圆形坏死灶（图2-52）。

　　在肝门处剪断血管，再剪断胆管、肝与心包囊、气囊之间的联系，取出肝脏（图2-53）。纵行切开肝脏，检查肝脏切面及血管情况，肝脏有无变性、坏死点及肿瘤结节。检查胆囊大小、胆汁的多少、颜色、黏稠度及胆囊黏膜的状况。

　　在腺胃和肌胃交界处的右方，找到脾脏。检查脾脏的大小、颜色、

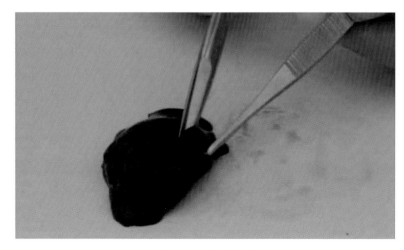

图 2-53　取出肝脏

表面有无出血点和坏死点，有无肿瘤结节。剪断脾动脉取出脾脏，将其切开，检查淋巴滤泡及脾髓状况（图 2-54、图 2-55）。

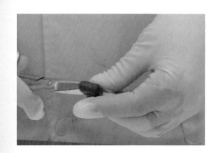

图 2-54　取出脾脏

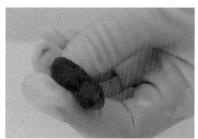

图 2-55　检查脾脏

　　在心脏的后方剪断食道，向后牵拉腺胃，剪断肌胃与其背部的联系，再顺序地剪断肠道与肠系膜的联系，在泄殖腔的前端剪断直肠，取出腺胃、肌胃和肠道。检查肠系膜是否光滑，有无肿瘤结节（图 2-56、图 2-57）。

图 2-56　剪断食道　　　　　图 2-57　取出腺胃、肌胃和肠道

剪开腺胃，检查内容物的性状、黏膜及腺乳头有无充血和出血、胃壁是否增厚、有无肿瘤（图 2-58）。

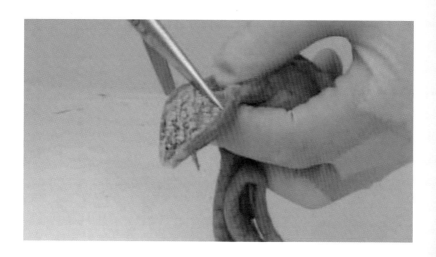

图 2-58　剪开腺胃

观察肌胃浆膜上有无出血、肌胃的硬度，然后从大弯部切开，检查内容物及角质膜的情况（图 2-59）。撕去角质膜，检查角质膜下的情况，看有无出血和溃疡（图 2-60、图 2-61）。

图 2-59　剪开肌胃

图 2-60　撕去角质膜

图 2-61　检查角质膜下情况

查看夹在十二指肠中间的胰腺的色泽，有无坏死、出血。温和型新流感可出现胰腺表面灰白色坏死点，胰腺边缘出血（图2-62、图2-63）。

图2-62 查看胰腺

图2-63 胰腺表面有坏死点

从前向后，检查小肠、盲肠和直肠，观察各段肠管有无充气和扩张，浆膜血管是否明显，浆膜上有无出血、结节或肿瘤。然后沿肠系膜附着部纵行剪开肠道，检查各段肠内容物的性状，黏膜有无出血和溃疡，肠壁是否增厚，肠壁上的淋巴集结和盲肠起始部的盲肠扁桃体是否肿胀，有无出血、坏死，盲肠腔中有无出血或土黄色干酪样的栓塞物，横向切开栓塞物，观察其断面情况（图2-64至图2-69）。

图2-64　剪开小肠

图2-65　查看内容物

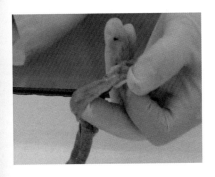

图2-66　查看肠道黏膜

图2-67　剪开盲肠

图2-68　查看肠管

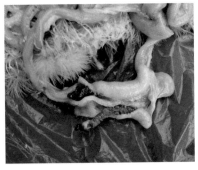

图2-69　查看盲肠、直肠内容物

　　将直肠从泄殖腔拉出，在其背侧可看到腔上囊，剪去与其相连的组织，摘取腔上囊（图 2-70、图 2-71）。检查腔上囊的大小，观察其表面有无出血，然后剪开腔上囊检查黏膜是否肿胀，有无出血，皱襞是否明显，有无渗出物及其性状。

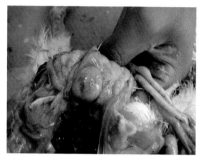

图 2-70　查看腔上囊

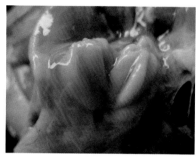

图 2-71　腔上囊剪开

　　纵行剪开心包囊，检查心囊液的性状，心包膜是否增厚和混浊；观察心脏外形，纵轴和横轴的比例，心外膜是否光滑，有无出血，渗出物，尿酸盐沉积，结节和肿瘤，随后将进出心脏的动、静脉剪断，取出心脏，检查心冠脂肪有无出血点，心肌有无出血和坏死点（图 2-72、图 2-73）。

图 2-72　剪开心包囊

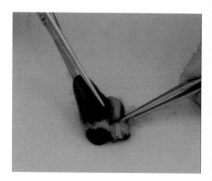

图 2-73　查看心脏

　　剖开左右两心室（图 2-74），注意心肌断面的颜色和质地，观察心内膜有无出血。

　　从肋骨间挖出肺脏，检查肺的颜色和质地，有无出血、水肿、炎症、实变、坏死、结节和肿瘤（图2-75、图2-76）。

图2-74　剖开心室

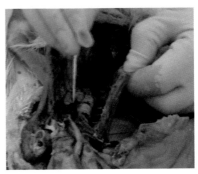

图2-75　挖出肺脏

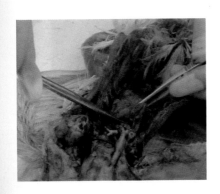

图2-76　检查肺脏

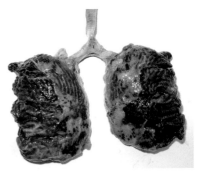

图2-77　肺脏瘀血、水肿、发黑

　　图2-77是禽流感引起的肺脏瘀血、水肿、发黑。

　　切开肺脏，观察切面上支气管及肺泡囊的性状（图2-78、图2-79）。

　　检查肾脏的颜色、质地、有无出血和花斑状条纹、肾脏和输尿管有无尿酸盐沉积及其含量（图2-80、图2-81）。图2-81是因肾型传染性支气管炎导致的鸡的肾脏肿大、花斑肾、输尿管内大量尿酸盐沉积。

检查睾丸的大小和颜色，观察有无出血、肿瘤、两者是否一致（图2-82）。

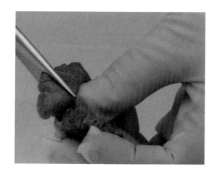

图2-78 切开肺脏

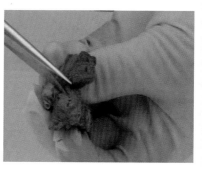

图2-79 观察切面

图2-80 检查肾脏

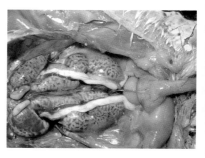

图2-81 花斑肾

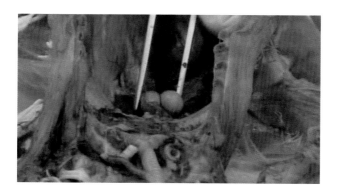

图2-82 检查睾丸

检查卵巢发育情况（图2-83），卵泡大小、颜色和形态，有无萎缩、坏死和出血，卵巢是否发生肿瘤，剪开输卵管，检查黏膜情况，有无出血及涌出物。图2-84是禽流感导致的母鸡卵泡出血，呈紫黑色。

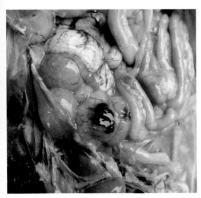

图2-83　检查卵巢

图2-84　卵泡出血，呈紫黑色

3. 口腔及颈部器官的检查

在两鼻孔上方横向剪断鼻腔，检查鼻腔和鼻甲骨，压挤两侧鼻孔，观察鼻腔分泌物及其性状（图2-85）。

剪开一侧口角（图2-86），观察后鼻孔、腭裂及喉头，黏膜有无出血、有无伪膜、痘斑、有无分泌物堵塞。

图2-85　检查鼻腔和鼻甲骨

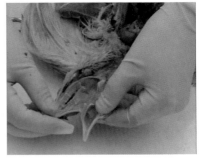

图2-86　剪开一侧口角

剪开喉头、气管和食道（图
2-87），检查黏膜的颜色，有无充
血和出血，有无伪膜和痘斑，管
腔内有无渗出物，黏液及渗出物
的性状。

4. 脑部检查

切开头部皮肤，剥离皮肤，
露出颅骨，用剪刀在两侧眼眶后

图2-87　剪开气管

缘之间剪断额骨，再从两侧剪开顶骨至枕骨大孔，掀去脑盖，暴露大
脑、丘脑及小脑。观察脑膜有无充血、出血、脑组织是否软化等（图
2-88、图2-89）。

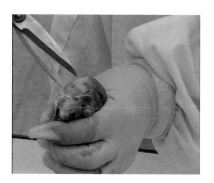

图2-88　剪开头部皮肤

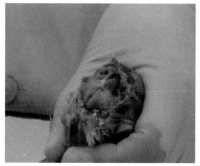

图2-89　掀去脑盖

第四节　鸡病的实验室诊断方法简介

在肉鸡疾病临床诊断中，一般通过病历调查、临床检查和病理解剖
对大多数疾病可以作出初步诊断。但有时疾病缺乏临床特征而又需要作
出正确诊断时，必须借助实验室手段或取样品送到相关防疫检查站、兽
医站，帮助诊断。

实验室诊断一般包括组织病理学、微生物学（包括细菌学检验、病

毒学检验和血清学检验）、寄生虫学、生理生化学的实验诊断。在鸡病中，由于以传染病为主，所以实验室诊断一般侧重于微生物学，特别是微生物学中的血清学诊断。血清学诊断是建立在抗原与相应抗体发生可见反应这一原理的基础上，有的反应不可见或难测，可以通过应用补体、溶血以及荧光素、酶和同位素标记等指示物质，使其反应成为可见或可测状态。血清学方法具有严格的特异性和较高的敏感性，在传染病的诊断、病原微生物的分类和鉴定以及抗原分析、免疫抗体监测等方面，均有较广泛的应用。即用已知的抗体，可以对分离获得的病原微生物进行鉴定。相反，通过已知的抗原对康复肉鸡、隐性感染肉鸡以及接种疫苗后的肉鸡的抗体消减进行定性和定量的监测。

血清学检验方法很多，常用的有凝集试验、琼扩试验、血凝试验、间接血凝试验、血凝抑制试验、补体结合试验、红细胞吸附和吸附抑制试验、病毒中和试验、酶联免疫吸附试验（简称 ELISA）以及免疫荧光试验等。本书仅作简单介绍，供初学养殖者参考。

一、鸡大肠杆菌药敏试验

随着养鸡业集约化程度的不断提高，各种条件性发生的疫病成为严重制约养鸡业发展的主要因素。尤其是鸡大肠杆菌病的频繁发生，给养鸡业造成很大损失。由于长期使用抗生素防制，使耐药菌株越来越多，抗生素防治的难度越来越大。为了及时有效控制该病，须对致病菌进行药敏试验，以便选用高敏感药物，避免盲目滥用抗生素。为了尽快取得药敏试验结果，使疫病得到早期控制，必须进行快速药敏试验，筛选最高效的敏感药物。

（一）药敏纸片的准备

可以使用生化用品厂家提供的药敏纸片，也可以按有关资料介绍的方法进行自制。

（二）所用培养基的制备

按使用说明用普通营养琼脂粉制作普通营养琼脂平板。

（三）试验方法

对病死鸡进行剖检，发现有肝周炎、心包炎、气囊炎等符合大肠杆菌病典型病变特征的病例，即可无菌采取肝、脾、心等置灭菌容器内备用。采集病料时要注意采取多份典型病料。用灭菌接种环多次取病料内部组织，反复划线接种于营养琼脂平板。如病料较多时，每一个平板可重复接种2~3份病料。划线时要纵横交错划满整个平皿，并特别注意不要划破培养基。接种完后用灭菌镊子夹取药敏试纸小心贴附在培养基上，各纸片应相距15毫米左右。置37℃恒温箱培养24小时后观察结果。

（四）结果判定

药敏纸片周围20毫米如无细菌生长，说明试验菌株对该抗生素极敏，15~20毫米为高敏，10~15毫米为中敏，小于10毫米为低敏，无抑菌圈为不敏感。如一个平皿接种多份病料，长出的细菌可能不止一种细菌、一种菌株，对药物的敏感性可能不一致。如有的纸片周围抑菌圈内有较稀疏的菌落生长，说明该抗生素对某些菌株不敏感。

药敏试验结果出来后，可选用对各菌株普遍敏感的抗生素对发病鸡群进行及时治疗，以便尽快控制病情。如需做进一步研究，可继续对分离出的细菌进行详细实验室诊断，以便确定是何种细菌、细菌菌型、致病性等。

发生疫病时，广大养殖户最关心的是如何快速控制病情，减少损失。为赢得时间，在鸡大肠杆菌的诊断和防治中，应在细菌分离鉴定的同时，先进行药敏试验，及时指导养殖户进行有效防治。这种快速药敏试验方法在操作的规范性、结果的准确性等方面虽存在一定差异，但能及早为防治提供依据，及早控制疫病，减少死亡，在生产中具有非常重要的现实意义。

二、凝集试验

（一）直接凝集试验

凝集反应即细菌、红细胞等颗粒性抗原与相应的抗体在电解质参与下，相互凝集形成团块，这种现象称为凝集反应（图2-90）。参与反应的抗体称为凝集素，抗原称凝集原。常有平板法、试管法、玻片法及微量凝集法等。

图2-90　直接凝集反应

1. 平板法

取洁净玻板一块，用蜡笔按试验要求划成数个方格，并注明待检血样的号码；用生理盐水倍比稀释血清，加入抗原，用牙签（或火柴棍之类）自血清量最少（血清稀释度最高）的一格起，将血清与抗原混匀。注意抗原用前摇匀，并置室内，使其温度达20℃以上。混合完毕用酒精灯稍微加温，使达30℃左右，5~8分钟内记录结果，按下列标准记录反应强度。

凝集价标识	反应强度
++++	出现大的凝集块，液体完全透明
+++	有明显凝集片，液体几乎完全透明，即75%凝集
++	有可见凝集片，液体不甚透明，即50%的凝集
+	液体混浊，有小的颗粒状物，即25%凝集
－	液体均匀混浊，即不凝集

该法为一种定量方法，常用于检测待检血清中的相应抗体及其效价。如一般以++以上血清最高稀释度为该血清的凝集价。也用定性作

为鸡病阳性判定，协助临床诊断及流行病学的调查。

注意：每次试验须用标准阳性血清和阴性血清作对照。

2. 试管法

该法操作时，将待检血清用相应生理盐水作倍比稀释，加入等量的已知抗原，充分混匀，放入 37℃温箱或水浴锅中 4~10 小时，取出后放置室温数小时，观察并记录结果。

判定方法与平板凝集法一致。

3. 玻片凝集法

又称快速凝集反应，为一种定性试验，常用于鸡白痢的诊断及流行病学的调查中，也用于鸡传染性鼻炎、鸡慢性呼吸道病（霉形体病）等的诊断。现以鸡白痢玻片凝集试验为例进行示范说明：用滴管吸取标准诊断液（即鸡白痢凝集标准抗原）一滴（约 0.05 毫升），滴在洁净的玻片或干净普通玻璃上。刺破鸡冠或翅静脉或剪一鸡冠齿，采血一滴（约 0.04 毫升），使之与诊断液混匀，可用牙签或火柴棍搅匀，或稍微靠在桌边缘摇动玻片，频频变动玻板水平位置，使混合均匀。

如在 1~3 分钟内细菌和红细胞从混合液滴的边缘开始逐渐凝集成较大的颗粒，呈片状、团块状，将红细胞凝集成许多小区，液体几乎完全透明，外观是花斑状，则判为阳性反应；如在 2~3 分钟之内不出现凝集现象，而且玻板上的混合液均保持原来的状态，或者中间部分较浓，四周较稀薄的混悬物，则可判为阴性反应。该反应温度条件在室温 20~30℃进行。

类似的还可用血清进行快速凝集反应，其方法为选用洁净玻片或载玻片，下面衬以黑色展板，在玻片上滴一滴血清或相当凝集价的稀释血清，再滴一滴鸡白痢凝集标准抗原（诊断液）混合均匀，几分钟后观察凝集成块情况，判定阴阳反应。如阴性反应，则混合液保持一致混浊的红色。

4. 微量凝集法

该方法原理均同试管凝集法，只是操作在微量滴定板（反应板）上进行，抗原、抗体用量很少，故称微量凝集试验，即用数根稀释棒并排在 U 形或 V 形微量滴定板上揉搓，将待测血清作系列倍比稀释，随后滴加抗原振荡混合，置37℃温箱或温室内一定时间（12~24小时），判定结果方法同平板法。

（二）间接凝集试验

即将颗粒性抗原（或抗体）吸附于与免疫无关的小颗粒（载体）的表面，此吸附抗原（或抗体）的载体颗粒与相应的抗体（或抗原）结合，在有电解质存在的适宜条件下发生凝集现象，亦称被动凝集试验（图2-91）。常用的载体有动物的红细胞、聚苯乙烯乳胶活性炭等，吸附抗原后的颗粒称为致敏颗粒。

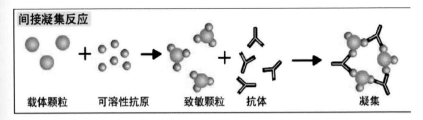

图2-91　间接凝集反应

现将最常用的间接血凝试验介绍如下。

间接血凝试验是以红细胞为载体，将抗体（或抗原）吸附在红细胞表面，用来检测微量的抗原（或抗体），吸附有抗体（或抗原）的红细胞也称致敏红细胞。间接血凝试验目前多采用微量法，可选用U形或V形微量反应板，将待检血清在血凝板试验用的反应板上用稀释棒或定量移液管作倍比稀释，再加等量致敏红细胞悬液，振荡混匀后，置于一定温度数小时或于25~30℃放置过夜，观察凝集程度。以出现50%凝集的血清最大稀释度为该血清的血凝价。

试验应设如下对照：①致敏红细胞加稀释液的空白对照；②已知阳性血清对照；③已知阴性血清对照；④未致敏红细胞加阳性血清对照。

三、血凝和血凝抑制试验

（一）试验原理

某些病毒表面含有血凝素，能与鸡红细胞表面的黏蛋白受体结合，使红细胞发生凝集，称为病毒的红细胞凝集现象，简称血凝现象。这种病毒的红细胞凝集现象，可以被特异性免疫血清所抑制，称病毒的红细胞凝集抑制现象，简称血凝抑制现象。

（二）临床上的应用

1. 辅助诊断病毒性疾病

当动物感染某种病毒而发病时，可在机体的相应器官查出病毒。利用血凝试验检查被检病料中是否有能凝集红细胞的病毒存在。能凝集红细胞的病毒有鸡新城疫病毒、禽流感病毒、减蛋综合征病毒等。

2. 鉴定病毒

3. 检测血清中的抗体水平

4. 作为适时免疫的辅助手段，避免免疫失败

（三）试验材料（以检测血清抗体水平为例）

96孔 V 形微量反应板、振荡器 1 台、标准抗原、1% 的鸡红细胞悬液、生理盐水、被检血清、微量移液器等。

（四）试验方法和步骤（以检测血清抗体水平为例）

1. 血凝试验

① 加稀释液。用微量移液器向 96 孔 V 形微量反应板第 1~12 孔各加生理盐水 50 微升。

② 试验倍比稀释标准抗原。用微量移液器吸取标准抗原 50 微升于第 1 孔中，并反复吹打 4~5 次，均匀后吸出 25 微升至第 2 孔，依次倍比稀释到第 11 孔，弃去 50 微升；12 孔不加抗原作对照。

③ 加 1% 的鸡红细胞悬液。用微量移液器向 1~12 孔各加 1% 红细

胞悬液 50 微升。

④ 置于振荡器上，振荡 1 分钟。室温静置 15~20 分钟后观察结果。

⑤ 观察结果。将反应板倾斜成 45° 角，沉于孔底的红细胞沿着倾斜面向下呈线状流动者（吊线）为沉淀，表明红细胞未被或不完全被病毒凝集；如果孔底的红细胞铺平孔底，凝成均匀薄层，倾斜后红细胞不流动，说明红细胞被病毒所凝集。

⑥ 结果判定。

⑦ 抗原凝集价的判定。能使鸡红细胞完全凝集的抗原最大稀释倍数，称为抗原凝集价（也称血凝滴度），以 2 的指数表示。第 12 孔对照应不凝集，在对照成立时才判断结果。

⑧ 4 单位抗原的配制。计算出含 4 个血凝单位的抗原浓度。按下列公式计算：

抗原应稀释的倍数 = 抗原凝集价 /4

例：若抗原凝集价为 2^8，则 4 单位抗原应将原抗原作 $2^8/4$（即 64）倍稀释。即取 0.1 毫升抗原，加入 6.3 毫升生理盐水。

2. 血凝抑制

① 加稀释液。用微量移液器向 96 孔 V 形微量反应板第 1~12 孔各加生理盐水 25 微升。

② 倍比稀释被检血清。用微量移液器吸取待检血清 25 微升于第 1 孔中，并反复吹打 4~5 次，均匀后吸出 25 微升至第 2 孔，依次倍比稀释到第 11 孔，弃去 25 微升；12 孔不加血清作对照。

③ 加 4 单位抗原。向 1~12 孔各加 25 微升 4 单位抗原。

④ 置于振荡器上，振荡 1 分钟，室温静置 20 分钟。

⑤ 加 1% 的鸡红细胞悬液。用微量移液器向 1~12 孔各加 1% 红细胞悬液 25 微升。

⑥ 振荡 1 分钟，室温静置 20~25 分钟后观察结果。

⑦ 结果判定。能够使 4 单位抗原凝集鸡红细胞的作用完全被抑制的血清最高稀释倍数，称为该血清的抗体效价，以 2 的指数表示。第 12 孔对照应完全凝集，在对照成立时才判定结果。如果第 1~8 孔均未被凝集，9~11 孔均凝集，则血清抗体效价为 2^8。

（五）注意事项

① 每加一种样品，都要更换一个移液器的滴头。

② 当红细胞受细菌污染或保存时间过长时，可出现全部凝集现象，试验时一定要注意制备的红细胞悬液不能保存时间过长。

③ 温度对试验结果也有影响。一般要求在室温 25~37℃进行试验，当温度低于 4℃时，红细胞有时会发生自凝现象。

④ 不同来源、不同浓度的红细胞会使结果出现差异，一般需要 3 只或 3 只以上公鸡红细胞混合在一起。有抗体鸡提供的红细胞需要更多次数洗涤。

⑤ 96 孔 V 形微量反应板是否洗净、是否光滑，也会影响试验结果。

（六）试验后用具的处理

用过的反应板、微量滴头，先用流水冲洗，然后泡在清洁液中，24 小时后捞出，甩掉清洁液，放入流水中冲洗干净后，再在蒸馏水中冲洗一遍，甩干，摆放在恒温箱中（70℃以下），烤干备用。

清洁液的配制：重铬酸钾 79 克，水 1 000 毫升，硫酸 100 毫升。将重铬酸钾磨碎，溶解于水中，然后慢慢加入硫酸 100 毫升，不断搅拌，切不可将重铬酸钾水溶液倒入硫酸中，以防爆炸，操作时必须戴手套、口罩。

四、沉淀试验

可溶性抗原与相应抗体结合，在有电解质存在时可形成肉眼可见的白色沉淀线（或物），该过程称为沉淀反应。参与沉淀反应的抗原称为沉淀原，抗体为沉淀素。沉淀反应可分为固相和液相，液相沉淀反应中以环状沉淀反应为多见；固相沉淀反应中主要有琼脂扩散试验、对流免疫电泳试验。

以下介绍在鸡病中常用的琼脂扩散试验方法。

所谓琼脂扩散反应，即将抗原和抗体在含有电解质的琼脂凝胶中扩散相遇，引起抗原抗体结合，形成肉眼可见的沉淀线的现象。琼脂为一种含硫酸基的多糖体，高温时能溶于水，冷后凝固形成凝胶，该凝胶呈多孔结构，孔内充满水分，其孔径大小取决于琼脂浓度，如 1% 的琼脂凝胶的孔径为 85 微米，因此允许各种抗原或抗体在琼脂凝胶中自由扩散。当按一定比例加入的抗原和抗体相遇时，就会形成一条明显的沉淀线，而且一对抗原和抗体只能形成一条沉淀线（图 2-92）。故该法常用来鉴定抗原、抗体及其效价。如用于传染性法氏囊病、脑脊髓炎、鸡白痢的检查。

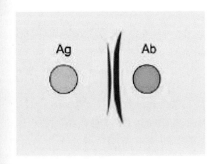

图 2-92　当抗原和抗体向四周凝胶中扩散，在两孔间可出现 1~2 条沉淀线

　　方法：将清洁平皿（直径 9~10 厘米），置水平台上，倒入加热融化的 1% 缓冲琼脂 15~20 毫升，厚度 2.5~3 毫米，注意勿倒出气泡，待冷凝后将琼脂平皿放置事先画好的带中央孔的六角形图案的纸上。用金属打孔器按图形位置打孔，再用针头或小镊子将孔内琼脂块挑出，外周孔直径为 6 毫米，中央孔为 4 毫米，孔距为 3 毫米；中间孔滴加标准抗原，周围孔滴加待检血清和阳性对照血清，加完样品后，将平皿置湿盒内，放室温（15~30℃）观察 2~3 天。结果判定（图 2-93），标准阳性对照血清与抗原孔之间形成沉淀带，或干扰其毗邻的阳性血清沉淀带，使其邻端向内侧偏弯者，判为阳性；与抗原孔之间不出现沉淀带，阳性血清相邻近的沉淀线仍为直线向外偏弯者，判为阴性。

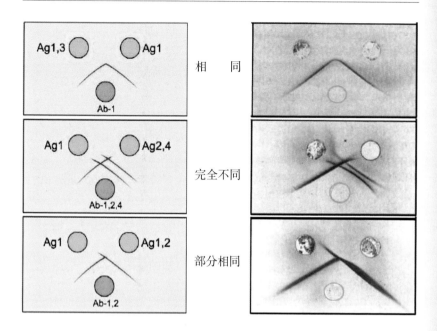

相　同

完全不同

部分相同

图 2-93　结果判定

五、红细胞吸附和红细胞吸附抑制试验

又称红血球吸附和红血球吸附抑制试验。某些病毒如鸡痘病毒、正副黏病毒等，在培养的细胞内增殖后，可使培养的细胞吸附某些动物的红细胞，而且只有感染细胞的表面吸附红细胞，不感染的细胞不吸附红细胞，因此可以作为这种病毒增殖的衡量指数。红细胞吸附现象也可被特异抗血清所抑制，故可作病毒的鉴定方法，尤其对一些不产生细胞病理变化的病毒，不失为一种快速有效的鉴定方法。

操作方法：细胞经培养长成单层后，常规接种病毒，经一定时间培养，弃培养液，加 0.4%~0.5% 已洗涤的红细胞悬液，置室温（18~20℃）作用一刻钟（某些病毒置 4℃ 或 37℃）；加少量生理盐水，轻轻洗涤，去未吸附的红细胞，放在低倍显微镜下观察。如红细胞粘附于单层细胞中的感染细胞表面，病毒大量增殖时，可见整个单层细胞粘满红细胞，则均判为阳性。进行抑制试验时，用汉克斯氏液将经病毒接种培养后的培养液洗涤 2 次，然后加入 1∶10 稀释的抗血清，室温或 37℃ 30 分钟后，弃血清，加入红细胞悬液，如上进行红细胞吸附试验，镜检红细胞吸附强度，与对照相比，完全抑制为阳性。

六、补体结合试验

可溶性抗原，如蛋白质、多糖、类脂类、病毒等，与相应抗体结合后，其抗原抗体复合物可结合补体（是球蛋白，主要是 r 球蛋白），但这一反应肉眼无法观察到，而通过加入溶血系统作指示系统，包括绵羊红细胞、溶血素和补体，通过观察是否出现溶血，来判断反应系统是否存在相应的抗原抗体，该过程称补体结合试验。参与补体结合的抗体称补体结合抗体。

注意在预备试验及正式试验中，均需已知的强阳性血清、弱阳性血清和阴性血清供滴定补体、滴定抗原或作对照用。

七、病毒中和试验

中和试验在肉鸡病毒病的诊断工作中，常用于用已知病毒来检查未知血清，也可用已知血清来鉴定未知病毒，还可用于中和抗体的效价测定。其原理：病毒（抗原）与相应的抗体中和以后，可知病毒丧失感染力，该反应具有高度的种、型特异性，而且一定量的病毒必须有相应量的中和抗体才能被中和。

八、免疫标记技术

利用某些能够通过某种理化因素易于检测的物质标记抗体，这些被标记的抗体与相应的抗原相结合，通过对标记物的测定，从而确定抗原的存在部分和定量。该技术目前广泛应用的主要有：免疫荧光技术、同位素标记技术（即放免沉淀）和免疫酶标技术（包括 ELISA）等。

第三章　鸡病防制基础知识

第一节　鸡的常用药物与给药方法

一、常用药物及分类

药物是指用于治疗、预防及诊断疾病，有目的地调节动物生理机能并规定作用、用途、用法、用量的物质。

随着养鸡业的迅速发展，各种药品不断出现，尤其是近年来，大量进口药品进入我国养鸡业市场。因此，养鸡用药的品种繁多，按照不同的分类方法，可以分成不同的类别。第一，按药物来源可分为天然药物、人工合成药物、人工半合成药物；第二，按药物特点可分为兽医生物制品、抗生素、化学药品和中草药；第三，按药物作用机理和作用部位可分为全身用药和局部用药。养鸡常用药物及分类见表3-1。

表3-1　抗菌药物分类

分类		常见药物
化学合成抗菌药	磺胺类	磺胺嘧啶、磺胺二甲基嘧啶、磺胺甲基异噁唑（新诺明）、磺胺喹噁啉
	苄氨嘧啶类	三甲氧苄氨嘧啶（TMP）、二甲氧苄氨嘧啶（DVD）
	硝基呋喃类	呋喃唑酮（痢特灵）、呋喃西林、呋喃它酮、呋喃妥因
	喹诺酮类	诺氟沙星、环丙沙星、恩诺沙星、氧氟沙星
	喹噁啉类	喹乙醇、痢菌净

（续表）

	分类	常见药物
抗生素	β-内酰胺类	青霉素 G、氨苄青霉素、羟苄青霉素、先锋霉素
	氨基苷类	链霉素、庆大霉素、卡那霉素、丁胺卡那霉素、新霉素、壮观霉素
	四环素类	土霉素、四环素、金霉素、强力霉素
	氯霉素类	氯霉素、甲砜霉素
	大环内酯类	红霉素、泰乐菌素、北里霉素、螺旋霉素、支原净
	多肽类	多黏菌素、杆菌肽
	洁霉素类	洁霉素（林可霉素）、氯林可霉素
	抗真菌抗生素	灰黄霉素、二性霉素 B、制霉菌素

二、制剂、剂型与剂量

（一）制剂

制剂是指可以直接用于动物的药物制品。供配制各种制剂使用的药物原料，称为原料药。原料药按其化学成分基本上可分为 4 类：无机药品类（如氯化钠）；有机药品类（如安乃近、乙醚）；生药类（如洋地黄叶粉）；其他生物性药品类（包括生化药品、抗生素、激素、维生素及生物制品等）。制剂是根据药典、制剂规范或处方手册等收载的、比较稳定的处方制成的药物制品，具有较高的质量要求和一定的规格。

（二）剂型

剂型是指药物制剂的类别。兽医药物的剂型，按其形态可分为液体、半固体、固体和气雾剂等几大类，现分述如下。

1. 液体剂型

（1）溶液剂 是一种透明的可供内服或外用的溶液，一般是由两种或两种以上成分所组成，其中包括溶质和溶媒。溶质多为不挥发的化学药品，溶媒多为水，但也有醇溶液或油溶液等。内服药如鱼肝油溶液，外用消毒药如新洁尔灭溶液等。

（2）注射剂　也称针剂，是指灌封于特制容器中的灭菌的澄明液、混悬液、乳浊液或粉末（粉针剂，临用时加注射用水等溶媒配制），必须用注射法给药的一种剂型。如果密封于安瓿中，称为安瓿剂，如青霉素粉针，庆大霉素注射液等。

（3）酊剂　是指将化学药品溶解于不同浓度的酒精或药物用不同浓度的酒精浸出的澄明液体剂型，如碘酊等。

（4）煎剂或浸剂　都是药材（生药）的水性浸出制剂。煎剂是将药材加水煎煮一定时间后的滤液；浸剂是用沸水、温水或冷水将药材浸泡一定时间后滤过而制得的液体剂型，如板蓝根煎剂。

（5）乳剂　是指两种以上不相混合的液体（油和水），加入乳化剂后制成的乳状混浊液，可供内服、外用或注射，如鸡新城疫油苗。

2. 半固体剂型

（1）浸膏剂　是药材的浸出液经浓缩除去溶媒的膏状或粉状的半固体或固体剂型。除有特殊规定外，浸膏剂每克相当于原药材 2~5 克，如酵母浸膏等。

（2）软膏剂　是将药物加赋形剂（或称基质），均匀混合而制成的易于外用涂布的一种半固体剂型。供眼科用的软膏又叫眼膏，如盐酸四环素软膏等。

3. 固体剂型

（1）粉剂　是一种干燥粉末剂型，由一种或一种以上的药物经粉碎、过筛、均匀混合而制成的固体剂型，可供内服或外用。此为养鸡用药中最常见的一种，如土霉素粉、喹乙醇粉等。

（2）可溶性粉剂　是由一种或几种药物与助溶剂、助悬剂等辅助药组成的可溶性粉末。多作为饲料添加剂型，投入饮水中使药物均匀分散，供鸡使用。

（3）预混剂　是指一种或几种药物与适宜的基质（如碳酸钙、麸皮、玉米粉等）均匀混合制成供添加于饲料的药物添加剂。将它掺入饲料中充分混合，可达到使药物微量成分均匀分散的目的，如土霉素预混剂等。

（4）片剂　是将粉剂加适当赋形剂后，制成颗粒经压片机加压制成

的圆片状剂型，也是养鸡用药中常见的一种，如呋喃唑酮片、维生素
B$_1$片等。

（5）胶囊剂　是将药粉或药液密封入胶囊中制成的一种剂型，其优点是可避免药物的刺激性或不良气味，如氯霉素胶囊。养鸡用药中此剂型少用。

（6）微型胶囊　简称微囊，系利用天然的或合成的高分子材料（通称囊材），将固体或液体药物（通称囊芯物）包裹成直径1~5 000微米的微小胶囊。药物的微囊可根据临床需要制成散剂、胶囊剂、片剂、注射剂以及软膏剂等各种剂型的制剂。药物制成微囊后，具有提高药物稳定性、延长药物疗效、掩盖不良气味、降低在消化道的副作用、减少复方的配伍禁忌等优点。用微囊做原料制成的各种剂型的制剂，应符合该剂型的制剂规定与要求，如维生素A微囊剂。

4．气雾剂

是指某些液体药物稀释后或固体药物干粉利用雾化器喷出形成微粒状的制剂，可供皮肤和腔道等局部使用，或由呼吸道吸入后发挥全身作用。目前，鸡场常用的消毒药、气雾免疫用疫苗、外用杀虫药都制成这种剂型。

在选定药物以后，制剂的选择就是一个重要问题。同一药物，相同剂量，所用的制剂不同，其吸收程度也不同。有时，甚至同一制剂，但生产的工艺不同，其吸收程度和速度也不尽相同。因此，应根据疾病的轻重缓急慎重选择药物的剂型。如鸡群发病急且重，为了尽快控制病情，应尽快选用注射剂型，而用作饲料添加剂的药物尽量选用粉剂或可溶性粉剂，既经济又便于混匀。

（三）剂量

剂量是指药物产生治疗作用所需的用量。在一定范围内，剂量愈大，体内药物浓度愈高，作用也愈强；剂量愈小，作用就小。但如果浓度过大，超过一定限度，就会出现不良反应，甚至中毒。因此，为了既经济又有效地发挥药物的作用，达到用药目的，避免不良反应，应充分了解并严格掌握各种药物的剂量。

1. 与剂量有关的基本概念

（1）最小有效量　药物开始产生药理作用的最小剂量。

（2）治疗量　为了预防或治疗鸡的疾病所使用的剂量，它通常是一个有效剂量范围。即大于最小有效量而低于极量。

（3）极量　指发挥药物安全有效作用的最大剂量。

（4）最小中毒量　即超过极量，并开始出现中毒作用的最小剂量。

（5）中毒量　对鸡产生中毒作用的剂量。

（6）致死量　使鸡中毒死亡的剂量。

（7）药物的安全范围　是指药物的最小有效量和极量之间的距离范围。如果一种药物的安全范围大，它的安全性就高。反之，安全范围小，安全性就低，对于安全范围较小的药物，在使用过程中应严格掌握剂量，以免发生中毒，造成不必要的经济损失。

2. 药物剂量的计量单位

一般固体药物用重量表示。按照 1984 年国务院关于在我国统一实行法定计量单位的命令，一般采用法定计量单位。如克、毫克、升、毫升等。对于固体和半固体药物用克、毫克表示；液体药物用升和毫升表示。常用计量单位的换算关系如下。

1 千克 =1 000 克，1 克 =1 000 毫克

1 升 =1 000 毫升，1 毫升 =1 000 微升

一些抗生素和维生素，如青霉素、庆大霉素、维生素 A、维生素 D 等药物多用国际单位来表示，英文缩写为 IU。而生物制品则常用羽份表示，多少羽份即为多少只鸡的意思。例如预防鸡新城疫用的鸡新城疫 IV 系疫苗，每瓶剂量为 200 羽份，意思是指用生理盐水稀释后，可用于 200 只鸡。

三、用药方法

不同的药物，不同的剂量，可以产生不同的药理作用。但相同的药物，相同的剂量，如果给药方法不同，则产生的药效也不同。这是因为不同的给药方法直接影响药物吸收的快慢、吸收量的多少、在体内存留时间的长短。因此，在给药时应根据鸡体的生理特点，病理状况，结合

药物的性质，恰当地选择给药方法。常用的给药方法有以下几种。

（一）群体给药法

1. 混饲给药

这是现代集约化养鸡中最常用的一种给药方法。方法是将药物均匀混入饲料中，让鸡在吃料的同时也吃进药物。该法简便易行，适用于长期投药。但对于病重鸡，当其食欲降低时，不宜使用。使用该法时，应注意以下几方面。

（1）准确掌握混饲浓度　药量过小产生不了药效，药量过大造成药物浪费，甚至发生中毒。因此，在进行混料之前，应根据已确定的混饲浓度和混料量，认真计算出所需药量，并准确称量后再混合。如果按鸡的每千克体重给药，应严格按照鸡的体重，计算出总药量，按要求把药物拌进全群鸡 1 天所需采食的料内，此为 1 天的药量。

（2）确保药物与饲料混合均匀　在药物与饲料混合时，必须搅拌均匀，特别是一些安全范围小或用量少的药物。如果混合不匀，不仅影响药效，而且会导致严重中毒。为了保证药物混合均匀，通常采用分级混合法，即把全部用量的药物加到少量饲料中，充分混合后，再加到一定量饲料中，再充分混匀，然后再拌入所需的全部饲料中。大批量饲料混药更需多次逐级扩充，以达到充分混匀的目的。切忌把全部药量 1 次加入到所需饲料中，这样由于混合不匀，会造成部分鸡食入药物过多而中毒，大部分鸡吃不到药物而达不到防治疾病的目的，甚至贻误病情。

（3）密切注意不良反应　有些药物混入饲料后，可与饲料中的某些成分发生反应而影响药效或产生有害作用。这时应密切注意不良反应，尽量减少不良反应的发生。如饲料中长期添加磺胺类药物，容易引起鸡维生素 B 和维生素 K 缺乏，此时应适当补充这些维生素。

2. 饮水给药

饮水给药也是比较常用的给药方法之一，它是指将药物溶解于鸡的饮水中，让鸡自由饮用，在饮水的同时，饮入药物发挥药效（图3-1）。此法可用于预防或治疗鸡病，尤其适用于因病不能采食，但还能饮水的鸡，但所用药物必须是水溶性的。饮水给药除应注意饮水给药的一些事项外，还应注意以下几个问题。

图 3-1　饮水给药

（1）药前停饮，保证药效　对于一些在水中稳定，不易被破坏的药物，可以加入饮水中，让鸡长时间自由饮用。而对于一些容易被破坏或失效的药物如强力霉素、疫苗等，则要求全群鸡在一定时间内都饮入定量的药物，以保证药效。为达此目的，多在用药前，让整个鸡群停止饮水一段时间。一般冬季停水 3~4 小时，其他季节停饮 1~2 小时，然后换上药水，让鸡在一定时间内饮入充足的药水。

（2）准确认真，按量给水　为了保证全群内绝大部分鸡在一定时间内都喝到一定量的饮水，不至于由于剩水过多造成饮入鸡体内的药量不足，或者由于供水不足，饮水不均，有些鸡缺水，有些鸡饮水过多，就应该严格掌握每只鸡 1 次的饮水量，再计算全群饮水量。用一定系数加权后，确定全群给水量，然后按照混饲浓度，准确计算用药量，把所需药量加到饮水中以保证药效。因饮水量的多少与鸡的品种、日龄、季节以及舍内温度、湿度、饲料性质、饲养方法等因素密切相关，所以不同鸡群的饮水量不尽相同。

（3）合理使用，加强效果　一般来说，饮水给药主要适用于易溶于水的药物，对于一些不易溶于水的药物或在水中易被破坏的药物，需采取相应措施，以保证疗效。如适当加热、加助溶剂或及时搅拌等方法，促进药物溶解。另外，为了避免药物的副作用，更好地促进药物溶解和促进药物发挥药效，还应注意一些常识。如使用活疫苗饮水免疫时，不应该使用含有漂白粉的饮水，不宜用金属饮水器。在饮水中加入0.5%脱脂奶粉可提高疫苗的免疫效果。

3. 气雾给药

气雾给药是指将药物以气雾剂的形式喷出，使之分散成微粒，弥散到空气中，让鸡通过呼吸道吸入而在呼吸道发挥局部作用，或使药物经肺泡吸收进入血液而发挥全身治疗作用，或直接作用于鸡的羽毛及皮肤黏膜的一种给药方法（图3-2）。也可用于鸡舍、孵化器以及种蛋的消毒。此法操作简单、产生药效快，尤其适用于大型现代化养鸡场，但需要一定的雾化设备，且鸡舍门窗密闭性好。气雾吸入要求没有刺激性，且药物应能溶解于呼吸道的分泌液中，否则会引起呼吸道炎症。

图3-2　鸡舍气雾给药

使用气雾给药应注意以下事项。

（1）恰当选择气雾用药　为了充分发挥气雾给药的优点，应恰当选择所用药物。并不是所有的药物都可用气雾给药，可用于气雾给药的药物应无刺激性，易溶于水。对于有刺激性的药物不能经气雾给药。同时还应根据用药目的不同，选择吸湿性不同的药物。若欲使药物作用于肺部，应选择吸湿性较差的药物，而欲使药物主要作用于上呼吸道，就应选择吸湿性较强的药物。

（2）准确掌握用药剂量　在应用气雾给药时，不能随意套用拌料或饮水给药浓度。为了确保用药效果，在给药前应根据鸡舍空间的大小，所用气雾设备的要求，准确计算用药剂量，以免过大或过小而影响药效。

（3）严格控制雾粒大小　雾粒直径的大小与用药效果有直接关系。气雾微粒越细，越容易进入肺泡内；气雾微粒越大，越不易进入鸡的肺部，容易停留在鸡的上呼吸道黏膜。若微粒过大，还容易引起鸡的上呼吸道炎症。因此，应根据用药的目的，适当调节气雾微粒的直径。大量试验证实，进入肺部的微粒直径以 0.5~5 微米最合适。

4. 环境消毒

为了杀灭环境中或鸡体表的寄生虫和病原微生物，除采用上述给药法外，最简便的方法是往鸡舍、笼具、饲槽喷洒药液，或用药液浸泡、洗刷，也可直接对鸡体表喷洒药物。进行环境消毒时应注意以下几点。

（1）正确选用消毒药　目前，消毒药的种类很多，但不同的药物，作用特点不同。因此，在使用时应根据用药目的，选择药物。同时还应注意耐药性，定期更换或几种药物交替使用。如系紧急消毒，为杀灭病毒，可适当选用碱性消毒药，如氢氧化钠等；若为了杀灭致病性芽孢菌，可选用对芽孢作用较强的药物，如甲醛等。

（2）选择最佳用药浓度　常用的消毒药及杀虫药，除了具有杀灭寄生虫、微生物等作用外，一般对机体都有一定的毒性，且用药方法不同，浓度也不一样。浓度过大，容易引起人或鸡群中毒，浓度太小，起不到应有的作用。因此，应根据用药目的和使用方法，选择最佳用药浓度，以达到最佳用药效果。

（3）选择适当的用药方法　同一种药物，采用的用药方法不同，产生的药效也不同。因此，应根据药物的性质特点，选择最能发挥该药特点的给药方法。如甲醛，易挥发、刺激性强，根据这一特点，采用熏蒸法用于密闭鸡舍或孵化器的消毒，而百毒杀等药物刺激性小，就可进行

带鸡喷雾消毒。

（二）个体给药法

1. 口服给药法

口服药物，经胃肠吸收后作用于全身，或停留在胃肠道发挥局部作用。其优点是操作比较简便，适合大多数药物。缺点是受胃肠内容物的影响较大，吸收不规则，显效慢。在病情危急时不能服用；刺激性大，可损伤胃肠黏膜的药物不能口服；能被消化液破坏的药物，也不宜口服。常用于口服的药物包括片剂、粉剂、丸剂、胶囊剂和溶液剂。在投喂溶液剂时药量不宜过多，必要时可采用胶管直接插入食管，防止药物进入气管，导致异物性肺炎或使鸡窒息死亡。

2. 注射给药法

注射法包括皮下注射、肌内注射、静脉注射、腹腔注射等数种。其中皮下注射和肌内注射最常用。优点是吸收快而完全，剂量准确，可避免消化液的破坏。不宜口服的药物大多可以注射给药。注射给药时，应注意注射器的消毒，最好1只鸡1个针头，切忌1个针头用到底。

（1）皮下注射　是预防接种时最常用的方法之一。该法操作简单，药物容易吸收。可采用颈部皮下、胸部皮下和腿部皮下等部位注射。皮下注射时药量不宜过大，且应无刺激性。注射的具体方法是由助手抓鸡或者术者左手抓鸡，并用拇指、食指掐起注射部位的皮肤，右手持注射器沿皮肤皱褶处刺入针头，然后推入药液。

（2）肌内注射　也是常用的给药方法之一。其特点是药物吸收快、药效稳定。可在预防或治疗鸡的各种疾病时使用。常用的注射部位有胸部肌肉和大腿外侧肌肉。注射时应使针头与肌肉表面呈35°~50°角进针，不可垂直刺入，以免刺伤大血管或神经。特别是胸部肌内注射时更应谨慎操作，切不要使针头刺入胸腔或肝脏，以免造成伤亡。在使用刺激性药物时，应采用深部肌内注射。

（三）胚胎给药法

由于某些病原微生物能经种蛋垂直传播或经蛋壳侵入而使孵出的雏

鸡发病，因此，为了杀灭这些病原微生物，预防或控制疾病的传播，应对鸡胚进行用药。常用的鸡胚给药法有以下几种。

1. 熏蒸法

是最常用于种蛋的一种消毒方法。通常是将消毒药物加热或经化学反应而使其挥发到一定空间中，以杀死空间和鸡胚表面的病原微生物。常用于熏蒸消毒的药物有甲醛、高锰酸钾、过氧乙酸等。使用时将种蛋放置于特定的消毒室、罩或孵化器内，按容积计算好用药量，放置药物并加热或使其发生化学反应，同时应关闭消毒室、罩或孵化器，熏蒸一定时间后打开。

2. 浸泡法

是指将鸡蛋放置到一定浓度的药液中，以杀死蛋壳表面的微生物。应注意的是，在浸泡前一般应用清水或温水洗涤蛋壳表面，否则不仅浪费药物，也达不到预期的效果。

3. 注射法

将药物直接注射到鸡胚的一定部位，如气室、绒毛尿囊膜、尿囊腔、羊膜腔和卵黄囊，来消灭某些可以通过蛋传递的病原微生物（如鸡败血支原体病等）或接种疫苗，也是实验室培养病毒的常用方法之一。

（1）绒毛尿囊膜注射　取孵育 11~13 日龄鸡胚，照蛋后划出气室及绒毛尿囊膜发育面（或胚胎），标示出血管。将蛋横置，在绒毛尿囊膜发育面用碘精、酒精消毒后，避开血管，在无血管处用小锉锉一个三角形裂痕，勿伤及壳膜，另在气室中心钻一小孔。用镊子将三角形裂痕处卵壳揭去，于壳膜上滴加 1 小滴无菌生理盐水，再以针头沿壳膜纤维方向划破，勿伤及绒毛膜或血管。用橡皮乳头紧贴气室小孔向外缓缓吸气，使绒毛尿囊膜下陷形成人工气室。除去裂隙附近的壳膜。用注射器或滴管加入药液，用灭菌玻璃纸封闭卵窗。以水平放置，人工气室朝上孵育。

（2）尿囊腔注射　取 10~12 日龄鸡胚，在检卵灯下划出气室周界，于胎面距气室交界的边缘 1~2 厘米处避开血管，做一注射标记。经碘酒、酒精消毒后钻一小孔，使针头与卵壳成 30° 角，由小孔刺入 0.5~1 厘米深，注入药物。用融化的石蜡封闭小孔，置孵化箱内直立

孵育。

（3）卵黄囊注射　取5~8日龄鸡胚，经照蛋后划出气室及胚胎部位，直立卵盘上（气室朝上）。用碘精、酒精消毒气室，于气室中心钻一小孔，勿损伤壳膜。使针头通过该孔，朝胚胎对侧沿鸡胚纵轴插入约3厘米，即入卵黄囊内，注入药物，用石蜡封闭小孔后继续孵育，每天翻转1~2次。

（4）羊膜腔注射　取9~10日龄鸡胚，照蛋划出气室及胚胎部位，用碘酒、酒精消毒后，在气室靠近胚胎侧的卵壳上钻一长方形裂痕（约10毫米×6毫米），勿损伤壳膜。用镊子除去此长方形卵壳及外层壳膜，滴入1滴无菌液体石蜡，于照卵灯下即可清楚看到胚胎的位置。将注射器针头刺入胚胎的腭下胸前，以针头拨动下腭及腿，当进入羊膜腔时，能看到胚胎随着针头的拨动而动，即可注入药物。封口，孵育。

四、药物的治疗作用和不良反应

药物对机体的作用，从疗效上看，可归纳为两类。一类是符合用药目的，能达到防治效果的作用，称为治疗作用；另一类是不符合用药目的，对机体产生有害作用，称为不良反应。

（一）治疗作用

治疗作用可分为两种：能消除发病原因的叫对因治疗，也叫治本，例如用抗生素杀灭体内的病原微生物，解毒药促进体内毒物的消除等；仅能缓解疾病症状的叫对症治疗，也叫治标，例如解热药退烧，止咳药减轻咳嗽症状等。

（二）不良反应

药物在预防或治疗疾病的过程中，在发挥治疗作用的同时，也会带来不良反应，主要有以下3种。

1. 副作用

副作用是药物在治疗剂量内所产生的与治疗目的无关的作用。如长期使用抗菌药物时引起的B族维生素缺乏。有的药物可有几种作用，当利用某种作用作为治疗作用时，其他作用就成了副作用。例如利用阿托品松弛平滑肌的作用治疗肠痉挛时，同时抑制了腺体分泌，而引起口干，后者就成了副作用；利用它抑制腺体分泌的作用而作为麻醉前给药时，又松弛了平滑肌，而引起肠臌气、尿潴留等副作用。副作用随着治疗作用的产生而产生，不可避免，但可使用药物进行矫正。

2. 毒性反应

毒性反应是由于药物用量过大或使用时间过长，而使机体发生的严重功能紊乱或病理变化。大多数药物都有一定的毒性。毒性反应主要表现在对中枢神经、血液、呼吸、循环系统以及肝、肾功能等造成损害，不同药物的毒性作用性质不同，但毒性作用往往是药理作用的延伸。如庆大霉素、链霉素用量过大或时间过长时对肾脏产生的毒性反应。毒性反应一般比较重，但通常是可以预料的，只要按规定的剂量用药就可以避免。

3. 过敏反应

过敏反应是指某些个体对某种药物的敏感性比一般个体高，表现有质的差异。有些过敏反应是遗传因素引起的，称为"特异质"，如某些羊对四氯化碳过敏。另一些则是由于首次与药物接触致敏后，再次给药时呈现的特殊反应，其中有免疫机制参加，称为"变态反应"，如青霉素引起的过敏性休克。过敏反应只发生在少数个体，而且这种反应即使用药量很少，也可发生。

五、药物的选择及用药注意事项

（一）药物的选择

治疗某种疾病，常有数种药物可以选用。但究竟选用哪一种最为恰当，可根据以下几个方面考虑决定。

1. 疗效好

为了尽快治愈疾病，应选择疗效好的药物。如治疗雏鸡白痢，土霉素、四环素、氨苄青霉素、氯霉素都可使用，但以氯霉素的疗效最好，

可以作为首选药。

2. 不良反应小

有的药物疗效虽好，但毒副作用较大，选药时不得不放弃，而改用疗效稍差，但毒副作用较小的药物。如可待因止咳效果很好，但因有成瘾和抑制呼吸等副作用，所以除非必要，一般不用。

3. 价廉易得

为了增加经济效益，减少药物费支出，就必须精打细算，选择那些疗效确实，又价廉易得的药物。如用磺胺治疗全身感染，多选用磺胺嘧啶，而少用磺胺甲基异噁唑。

（二）用药注意事项

1. 要对症下药，不可滥用

每一种药物都有它的适应症，在用药时一定要对症下药，切忌滥用，以免造成不良后果。

2. 选择最佳给药方法

同一个药物，同一个剂量，给药途径不同，产生的药效也不尽相同。因此，在用药时必须根据病情的轻重缓急、用药目的及药物本身的性质来确定最佳给药方法。如危重病例宜采用静注或肌注；治疗肠道感染或驱虫时，宜口服给药。

3. 注意剂量、给药次数和疗程

为了达到预期的治疗效果，减少不良反应，用药剂量应当准确，并按规定时间和次数给药。少数药物1次用药即可达到治疗目的，如驱虫药。但对多数药物来说，必须重复给药才能奏效。为了维持药物在体内的有效浓度，获得疗效，而同时又不致出现毒性反应，就要注意给药次数和间隔时间。大多数药物1天给药2~3次，直至达到治疗目的。抗菌药物必须在一定期限内连续给药，这个期限称为疗程。疗程一般为3~5天。

4. 合理地联合用药

两种以上药物同时使用时，可以互不影响，但在许多情况下，两药合用总有一药或两药的作用受到影响，其结果可能是：① 比预期的作用更强即协同作用；②减弱一药或两药的作用即拮抗作用；③产生意外的毒性反应。药物的相互作用，可发生在药物吸收前、体内转运过程、生化转化过程及排泄过程中。在联合用药时，应尽量利用协同作用以提高疗效，避免出现拮抗作用或产生毒性反应。

5. 注意配伍禁忌

为了提高药效，常将两种以上的药物配伍使用。但配伍不当，则可能出现疗效减弱或毒性增加的变化。这种配伍变化，称为配伍禁忌，必须避免。药物的配伍禁忌可分为药理的（药理作用互相抵消或毒性增加）、化学的（呈现沉淀、产气、变色、燃爆或肉眼不可见的水解等化学变化）和物理的（产生潮解、液化或从溶液中析出结晶等物理变化）。

第二节 鸡群的免疫

鸡的免疫接种是用人工的方法将有效的生物制品（疫苗、菌苗）引入鸡体内，从而激发机体产生特异性的抵抗力，使其对某一种病原微生物具有抵抗力，避免疫病的发生和流行。对于种鸡，不但可以预防其自身发病，而且还可以提高其后代雏鸡母源抗体水平，提高雏鸡的免疫力。由此可见，对鸡群有计划的免疫预防接种是预防和控制传染病（尤其是病毒性传染病）最为重要的手段。

一、免疫程序的制定

免疫程序的制定受多种因素的影响，如母源抗体水平、本地区疫病的流行情况、本场以往的发病情况、鸡的品种和用途、疫苗的种类、鸡的日龄等。因此各养鸡场不可能制定一个统一的免疫程序，应依据鸡的品种、来源以及本场以往的病例档案酌情而定。即使已制定好的免疫程序，在有些情况下也可以适当调整，不是一成不变的。

二、疫苗的概念

疫苗是利用病毒、细菌、寄生虫本身或其产物，设法除去或减弱它对动物的致病作用而制成的一种生物制品，用它接种动物后，能够使其获得对此种病原的免疫力。严格地讲，它包括用细菌、支原体、螺旋体等制成的菌苗；用病毒、衣原体、立克次氏体等制成的疫苗；用寄生虫制成的虫苗。

三、疫苗的种类

（一）传统疫苗

传统疫苗是指用整个病原体如病毒、衣原体等接种动物、鸡胚或组织培养生长后，收获处理而制备的生物制品；由细菌培养物制成的称为菌苗。传统疫苗在防治肉鸡传染病中起到重要的作用。传统疫苗主要包括减毒活苗（图 3-3）和灭活疫苗（图 3-4），如生产上常用的新城疫Ⅰ系、Ⅲ系、Ⅳ系疫苗。根据肉鸡场的实际情况选择使用不同的疫苗。

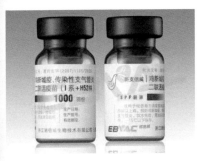

图 3-3　活苗

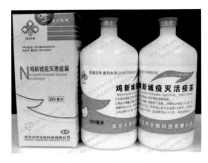

图 3-4　灭活苗

养鸡场需要通过实施生物安全体系、预防保健和免疫接种 3 种途径，来确保鸡群健康生长。在整个疾病防控体系中，三者通过不同的作用点起作用。生物安全体系主要通过隔离屏障系统，切断病原体的传播途径，通过清洗消毒减少和消灭病原体，是控制疾病的基础和根本；预防保健主要针对病原微生物，通过预防投药，减少病原微生物数量或将其杀死；免疫接种则针对易感动物，通过针对性的免疫，增加机体对某个特定病原体的抵抗力。三者相辅相成，以达到共同抗御疾病的目的。

（二）亚单位疫苗

利用微生物的某种表面结构成分（抗原）制成不含有核酸、能诱发机体产生抗体的疫苗，称为亚单位疫苗。亚单位疫苗是将致病菌主要的保护性免疫原存在的组分制成的疫苗。这类疫苗不是完整的病原体，是病原体的一部分物质。

（三）基因工程疫苗

使用 DNA 重组生物技术，把天然的或人工合成的遗传物质定向插入细菌、酵母菌或哺乳动物细胞中，使之充分表达，经纯化后而制得的疫苗。应用基因工程技术能制出不含感染性物质的亚单位疫苗、稳定的减毒疫苗及能预防多种疾病的多价疫苗。

四、疫苗的选择

疫苗的种类很多，其适用的范围和优缺点各异，不可乱用和滥用。疫苗的选择应遵循以下几项原则。

① 根据当地或本场以往疾病的流行情况选用疫苗。当地或本场从未发生过的疾病一般可以不接种此类疫苗，尤其是一些毒力较强的活毒疫苗，如传染性喉气管炎疫苗，以免造成散毒。

② 所选疫苗应依本地所流行的疫病的轻重和血清型而定。流行较轻的可选用比较温和的疫苗，流行较严重时，则选用毒力比较强的疫苗。疫苗最好与本地流行疫病的血清型相同。

③ 根据母源抗体的高低，选择疫苗。如传染性法氏囊病，若雏鸡无母源抗体，应选用低毒力的疫苗免疫，如有母源抗体，则选用中等毒力的疫苗。

④ 初次免疫应选用毒力较弱的疫苗，而再次接种时，应选用毒力较强的疫苗。

⑤ 当鸡群潜在法氏囊炎时，尽可能先治疗后再用疫苗，否则易诱发法氏囊炎的暴发。

⑥ 当鸡群有慢性呼吸道疾病时，不宜作新城疫疫苗、传染性支气

管炎疫苗、传染性喉气管炎疫苗，最好先用药治疗后再用。

五、疫苗的质量

疫苗质量的优劣，可用许多指标去衡量，如安全性、保护率、免疫期、稳定性、纯度、物理性状、含菌（病毒）量、稀释剂、保护剂、佐剂、冻干苗的真空度及剩余水分等，这些都是生物制品厂需全面考虑的问题。疫苗的质量除了与厂家有关的因素外，还有以下因素会影响疫苗的质量。

1. 保存条件

不同类型的疫苗要求的保存条件不同，只有按要求保存，才不会影响疫苗的质量。一般来说油乳灭活苗要保存在 2~15℃的阴暗处。冻干的弱毒活苗除个别要求不同外，大部分都要求低温保存（图 3-5），而且温度越低越好。保存温度不宜波动太大，否则会影响疫苗活性。鸡马立克氏病"814"弱毒疫苗和马立克氏病弱毒双价疫苗均应在液氮中运输和保存。

2. 保存期

每种疫苗都有一定的有效期，超过有效期的疫苗应废弃，并作无害化处理。

图 3-5 冻干的弱毒活苗要冷藏

图 3-6 使用专用冷藏车运输

3. 运输过程

运输过程中应使用专用冷藏车（图 3-6），注意疫苗的低温保存。

如保存不当会影响疫苗质量，运输时间越长，影响越大。

4. 疫苗的稀释

鸡常用疫苗中，除了油苗不需稀释，直接按要求剂量使用外，其他各种疫苗均需要稀释后才能使用。疫苗若有专用稀释液（图3-7），一定要用专用稀释液稀释。

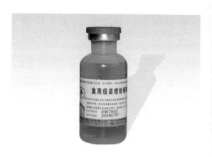

图3-7 疫苗增效稀释剂

稀释时，应根据每瓶规定的头份、稀释液量来进行。无论蒸馏水、生理盐水、缓冲盐水、铝胶盐水等作稀释液，均要求无异物杂质，更不可变质。特别要求各种稀释液中不可含有任何病原微生物，也不能含有任何消毒药物。若自制蒸馏水、生理盐水、缓冲盐水等，都必须经过消毒处理，冷却后使用。

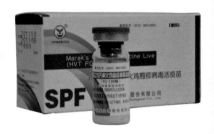

图3-8 疫苗使用前首先查看疫苗是否在有效期内

疫苗使用前首先查看疫苗是否在有效期内（图3-8）。稀释用具如注射器、针头、滴管、稀释瓶等，都要求事先清洗干净并高压消毒（图3-9）备用。稀释疫苗时，要根据鸡群数量、参与免疫人员多少，分多次稀释，每次稀释好的疫苗要求在常温下半小时内用完。已打开瓶塞的疫苗或稀释液，须当次用完，若用不完则不宜保留，应废弃，并作无害化处理。不能用金属容器装疫苗

图3-9 注射器拆洗消毒30分钟

及稀释疫苗，用缓冲盐水、铝胶盐水作稀释液时，应充分摇匀后使用。液氮苗稀释时，应特别注意正确操作（详细操作见各厂家液氮苗使用说明书）。进行饮水免疫稀释疫苗时，应注意水质，最好用深井水，并先加入 0.2% 的脱脂奶粉，再加入疫苗。应注意不要用加氯或用漂白粉处理过的自来水，以免影响免疫质量。

活疫苗要求现用现配，并且一次配置量应保证在半小时内用完（图3–10）。

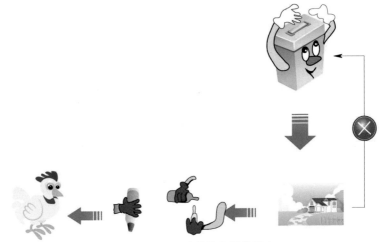

图 3–10　活疫苗使用操作程序

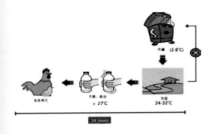

图 3–11　灭活疫苗使用操作程序

灭活疫苗在使用前要提前从冷藏箱内（2~8℃）取出，进行预温以达到室温（24~32℃），不仅可以改善油苗的黏稠度，确保精确的注射剂量，同时还可以减轻注射疫苗对鸡只的冷应激（图3–11）。

5. 疫苗的使用

疫苗稀释后应尽快使用，如马立克氏病疫苗应于稀释后 2 小时内用完，其他活疫苗也应在稀释后 4 小时内用完，超过时间的应予废弃。

六、免疫接种的途径及方法

（一）肌内注射法

将稀释后的疫苗，用注射针注射在鸡腿、胸或翅膀肌肉内（图3–12）。注射腿部应选在腿外侧无血管处，顺着腿骨方向刺入，避免刺伤血管神经；注射胸部应将针头顺着胸骨方向，选中部并倾斜30°刺入，防止垂直刺入伤及内脏；2月龄以上的鸡可注射翅膀肌肉，要选在翅膀根部肌肉多的地方注射。此法适合新城疫Ⅰ系疫苗、油苗及禽霍乱弱毒苗或灭活苗。

图3-12　肌内注射法

要确保疫苗被注射到鸡的肌肉中，而不是羽毛中间、腹腔或是肝脏。有些疫苗，比如细菌苗通常建议皮下注射。

（二）皮下注射法

将疫苗稀释，捏起鸡颈部皮肤刺入皮下（图3-13），防止伤及鸡颈部血管、神经。此法适合鸡马立克疫苗接种。

注射前，操作人员要对注射器进行常规检查和调试，每天使用完毕后要用75%的酒精对注射器进行全面的擦拭消毒。注射操作的控制重点为检查注射部位是否正确、注射渗漏情况、出血情况和注射速度等。

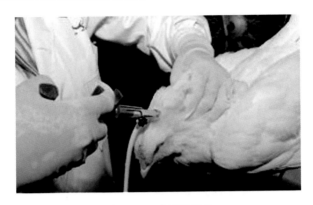

图3-13　皮下注射法

同时也要经常检查针头情况，建议每注射500~1 000羽更换一次针头。注射用灭活疫苗须在注射前5~10小时取出，使其慢慢升至室温，操作时注意随时摇动。要控制好注射免疫的速度，速度过快，容易造成注射部位不准确，油苗渗漏比例增加，但如果速度过慢也会影响到整体的免疫进度。另外，针头粗细也会对注射结果产生影响，针头过粗，对颈部组织损伤的概率增大，免疫后出血的概率也就越大。针头太细，注射器在推射疫苗过程中阻力增大，疫苗注射到颈部皮下的位置与针孔位置太近，渗漏的比例会增加。

（三）滴鼻点眼法

将疫苗稀释摇匀，用标准滴管各在鸡眼、鼻孔滴一滴（约0.05毫升），让疫苗从鸡气管吸入肺内、渗入眼中（图3-14）。此法适合雏鸡的新城疫Ⅱ、Ⅲ、Ⅳ系疫苗和传支、传喉等弱毒疫苗的接种，它使鸡苗接种均匀、免疫效果较好，是弱毒苗的最佳方法。

点眼通常是最有效的接种活性呼吸道病毒疫苗的方法。点眼免疫时，疫苗可以直接刺激鸡眼部的重要免疫器官——哈德氏腺，从而可以快速地激发局部免疫反应。疫苗还可以从眼部进入气管和鼻腔，刺激呼吸道黏膜组织产生局部细胞免疫和IgA等抗体。但此种免疫方法对免疫操作要求比较细致，如要求疫苗滴入鸡眼内并吸收后才能放开鸡。

图3-14　滴鼻点眼法

判断点眼免疫是否成功的一种有效方法就是在疫苗液中加入蓝色染料，在免疫后10分钟检查鸡的舌根，如果点眼免疫成功，则鸡的舌根会被蓝色染料染成蓝色。

（四）刺种法

将疫苗稀释，充分摇匀，用蘸笔或接种针蘸取疫苗，在鸡翅膀内侧无血管处刺种（图3-15）。需3天后检查刺种部位，若有小肿块或红斑则表示接种成功，否则需重新刺种。该方法通常用于接种鸡痘疫苗或鸡痘与脑脊髓炎二联苗，接种部位多为翅膀下的皮肤。

图3-15　刺种法

翼膜刺种鸡痘疫苗时，要避开翅静脉，并且在免疫7~10日后检查"出痘"情况以防漏免。接种后要对所有的疫苗瓶和鸡舍内的刺种器具做好清理工作，防止鸡只的眼睛或嘴接触疫苗而导致这些器官出现损伤。

（五）饮水免疫

饮水免疫前，先将饮水器挪到高处（图 3-16），控水 2 小时；疫苗配制好之后，加到饮水器里，在 2 小时内让每一只鸡都能喝到足够的含有疫苗的水（图 3-17）。

图 3-16　饮水器挪到高处

图 3-17　雏鸡在喝疫苗水

饮水免疫注意事项。

① 在饮水免疫前 2~3 小时停止供水，因鸡口渴，在开始饮水免疫后，鸡会很快饮完含有疫苗的水。若不能在 2 小时内饮完含有疫苗的水，疫苗将会失效。

②贮备足够的疫苗溶液。

③ 使用稳定剂，不仅仅可以保护活疫苗，同时还含有特别的颜色。稳定剂包含：蛋白胨、脱脂奶粉和特殊的颜料。这样，您可以知道所有的疫苗溶液全部被鸡饮用。

④ 使用自动化饮水系统的鸡舍，需要检查并确定疫苗溶液能够达到鸡舍的最后部，以保证所有的鸡都能获得饮水免疫。

（六）喷雾免疫

喷雾免疫是操作最方便的免疫方法，局部免疫效果好，抗体上升快、高、均匀度好。但喷雾免疫对喷雾器的要求比较高，如 1 日龄雏鸡采用喷雾免疫时必须保证喷雾雾滴直径在 100~150 微米，否则雾滴过小会进入雏鸡肺内引起严重的呼吸道反应。而且喷雾免疫对所用疫苗也有比较高的要求，否则喷雾免疫的副反应会比较严重。实施喷雾免疫操作前应重点对喷雾器进行详细检查，喷雾操作结束后要对机器进行彻底清洗消毒，而在下一次使用前应用蒸馏水对上述消毒后的部件反复多次冲洗，以免残留的酒精影响疫苗质量，同时也要加强对喷雾器的日常维护。喷雾免疫当天停止带鸡消毒，免疫前一天必须做好带鸡消毒工作，以净化鸡舍环境，提高免疫效果。

（七）免疫操作注意事项

① 注意疫苗稀释的方法。冻干苗的瓶盖是高压盖子，稀释的方法是先用注射器将 5 毫升左右的稀释液缓缓注入瓶内，待瓶内疫苗溶解后再打开瓶塞倒入水中。避免真空的冻干苗瓶盖突然打开使部分病毒受到冲击而灭活。

② 为了减轻免疫期间对鸡只造成的应激，可在免疫前 2 天给予电解多维和其他抗应激的药物。

③ 使用疫苗时，一定要认清疫苗的种类、使用对象和方法，尤其是活毒疫苗。使用方法错误不仅会造成严重的不良反应，甚至还会造成病毒扩散的严重后果。对于在本地区未发生过的疫病，不要轻易接种该病的活疫苗。

④ 免疫过后，再苦再累也要把所有器具清理洗刷干净，防止对环境和器具造成污染，同时也防止油乳剂疫苗变质影响器具下次使用。

第三节 鸡病的综合防制措施

一、正确选择鸡场场址，合理布局场内设施

养鸡场要建筑在背风向阳，地势高燥，排水方便，离公路、河流、村镇、居民区、工厂、学校 500 米以上的上风向，特别是距离畜禽屠宰场、肉类加工厂要更远一些。

大型综合养殖场要保证生产区与生活区严格分开；原种鸡场、种鸡场、孵化厂、商品鸡场必须分开，并相距500米以上，各场之间应有隔离设施。兽医室、病理剖检室、病死禽焚尸炉和粪便处理场都应设在距离鸡舍200米外的下风向。粪便要在场外进行发酵处理。对一些中小型农产养鸡场，最好远离村镇和其他养鸡场。

养鸡场大门、生产区入口要建同门口一样宽、长是汽车轮一周半以上的消毒池。各鸡舍门口要建与门口同宽，长1.5米的消毒池。生产区门口还要建更衣消毒室和淋浴室。对农家养鸡场，至少应在生产区门口建一消毒池和更衣消毒室，进入鸡场前进行消毒并更换鸡场专用工作服和鞋。

鸡场周围建围墙和防疫沟，以防闲杂人员以及动物进入，鸡场应建深水井和水塔，用管道将水直接送入鸡舍。

对于农户养鸡场，限于条件，除场址选择应与以上要求相同外，其他方面不可能完全依照上述要求进行安排。但也应按照防疫要求将饲料库、育雏鸡舍、育成鸡舍、蛋鸡舍、病死鸡及粪便处理场依次从上风向到下风向排列。控制鸡舍间距在鸡舍高度的5倍宽度以上。鸡场可进行适当绿化，在不影响通风的基础上，在鸡舍间种植一些树冠大、树干高的树种，同时在舍间地面种植草坪。也可在鸡舍前种植棚架植物，但对其下部枝叶应注意疏剪。这样既可以改善鸡场内小气候，起到吸尘灭菌、净化空气的作用，又可在夏天减少热辐射，降低鸡舍内温度，防止鸡中暑。鸡场周围应设围墙，并将生活区与鸡舍分开。

二、科学饲养管理

（一）制定并执行严格的防疫制度

完善的防疫制度的制定和可靠执行是衡量一个鸡场饲养管理水平的关键，也是有效防止鸡病流行的主要手段之一。因此建议养鸡场在防疫制度方面应做到以下几点。

① 订立具体的兽医防疫卫生制度并明文张贴，作为全场工作人员的行为准则。

② 生产区门口设消毒池，其中消毒液应及时更换，进入鸡场要更换专门工作服和鞋帽，经消毒池消毒后，方可进入。

③ 鸡场谢绝参观，不可避免时，应严格按防疫要求消毒后，方可进入；农家养鸡场应禁止其他养殖户、鸡蛋收购商和死鸡贩子进入鸡场，病鸡和死鸡经疾病诊断后应深埋，并做好消毒工作，严禁销售和随处乱丢。

④ 车辆和循环使用的集蛋箱、蛋盘进入鸡场前应彻底消毒，以防带入疾病。最好使用 1 次性集蛋箱和蛋盘。

⑤ 保持鸡舍的清洁卫生，饲槽、饮水器应定期清洗，勤清鸡粪，定期消毒。保持鸡舍空气新鲜，光照、通风、温湿度应符合饲养管理要求。

⑥ 进鸡前后和雏鸡转群前后，鸡舍及用具要彻底清扫、冲洗及消毒，并空置一段时间。

⑦ 定期进行鸡场环境消毒和鸡舍带鸡消毒，通常每周可进行 2~3 次消毒，疫病发生期间，每天带鸡消毒 1 次。

⑧ 重视饲料的贮存和日粮的全价性，防止饲料腐败变质，供给全价日粮。

⑨ 适时进行药物预防，并根据本场病例档案和当地疾病的流行情况，制定适于本场的免疫程序，选用可靠的疫苗进行免疫。

⑩ 清理场内卫生死角，消灭老鼠、蚊蝇，清除蚊、蝇滋生地。

（二）采取"全进全出"的饲养制度

"全进全出"的饲养制度是有效防止疾病传播的措施之一。"全进全出"使得鸡场能够做到净场和充分的消毒，切断了疾病传播的途径，从而避免患病鸡只或病原携带者将病原传染给日龄较小的鸡群。当前有些地区农村养鸡场很多，有的村庄养鸡数量可达几十万只。各养殖户各自为政，很难进行统一的防疫和管理，这可能是近年来疾病流行较为严重的原因之一。

（三）保证雏鸡质量，精心育雏，适时开食和饮水

高质量的雏鸡是保证鸡群具有较好的生长和生产性能的关键，因此应从无传染病、种鸡质量好、鸡场防疫严格、出雏率高的鸡场进雏鸡。同一批入孵、按期出雏、出雏时间集中的雏鸡成活率高，易于饲养。从外观上要选择绒毛光亮，喙、腿、趾水灵，大小一致，出生重符合品种要求的雏鸡。检查雏鸡时，腹部柔软，卵黄吸收良好，脐部愈合完全，绒毛覆盖整个腹部则为健雏。若腹大、脐部有出血痕迹或发红呈黑色、棕色或钉脐者，腿、喙、眼干燥有残疾者均应淘汰。

进雏前应将鸡舍温度调到 33℃ 左右，并注意通风换气，以防煤气中毒。进雏后应做好雏鸡的开食开饮工作。一般在出壳后 24 小时左右开始饮水，这样有利于促进胃肠蠕动、蛋黄吸收和排除胎粪，增进食欲，利于开食。初饮水中应加入 5% 的葡萄糖，同时加抗生素、多维电解质水溶粉，饮足 12 小时。一般开始饮水 3 小时后，即可开食，注意开始就供给全价饲料，以防出现缺乏症。

（四）控制适宜的鸡舍小气候和饲养密度

适宜的鸡舍小气候和饲养密度对保证鸡群正常发育，增强鸡的抗病能力，提高其生产性能是至关重要的。

1. 适宜的温、湿环境

适宜的温湿环境既可以提高鸡群的饲料转化率，又可以防止环境应激所造成的不利影响。鸡不同的生长阶段，对温湿度的要求也有所不同。对于雏鸡，由于其体温调节机能要到 20 日龄后才渐趋完善，故育雏阶段主要是保温、保湿，但也应防止煤气中毒和空气污浊诱发支原体病、大肠杆菌病的发生。实践证明鸡白痢的发生率与育雏最初两周的温湿度关系密切，温度过低或过高都会使发病率大大增加。而育雏室的空气条件差，往往会使鸡群在 1 周龄后即发生支原体病，表现为流眼泪和轻度咳嗽，这种现象在秋、冬、春季表现尤为突出。育雏期间鸡舍适宜的温湿度及高低极限值见表 3-2。

表 3-2 育雏期的适宜温度、湿度及高低极限值

周龄		0	1~3 天	2	3	4	5	6
适宜温度（℃）		33~35	30~33	28~30	26~28	24~26	21~24	18~21
极限温度（℃）	高	38.5	37	34.5	33	31	30	29.5
	低	27.5	21	17	14.5	12	10	8.5
适宜湿度（%）		70	70	70	65	65	60	60
极限湿度（%）	高	75	75	75	75	75	75	75
	低	40	40	40	40	40	40	40

对于育成鸡和产蛋鸡，在一般饲养条件下，适宜的温度范围为13~23℃，湿度范围为60%~65%。气温过高、过低对鸡的生长和生产性能都会造成不良影响，甚至成为诱发某些疾病的因素。高温条件下，青年母鸡性成熟延迟，疫苗免疫效果降低，免疫有效期缩短；成年母鸡产蛋率下降，蛋壳品质降低，甚至引起中暑而大批死亡，有资料显示，气温高达33℃持续数日，在未采取有效防热应激措施的鸡场，产蛋率由90%左右平均下降到65%左右。另外，高温、高湿条件下有利于病原微生物的繁殖，从而通过饲料、饮水、垫料等途径感染鸡群，加上热应激的影响，极易造成胃肠道菌群平衡破坏，诱发肠道疾病。这也是夏季、秋初细菌性疾病、寄生虫病发病率较高的原因所在。在低温条件下主要造成饲料利用率降低、产蛋率下降，特别是气温突然下降或持续低温下影响尤为明显，有时甚至会诱发某些传染病，如传染性支气管炎。故冬季应注意保温和通风兼顾，这样才能提高鸡群的饲料转化率，充分发挥鸡的生产性能。

2. 通风换气

鸡体温高，代谢旺盛，呼吸频率高，呼吸时排出大量的二氧化碳，加上鸡舍内垫料、粪便发酵所排出的有害气体（如氨气、硫化氢、甲烷、粪臭素等），以及空气中的尘埃和微生物，容易诱发鸡群发病，如造成鸡的结膜炎、支气管炎、败血支原体等疾病的发生，提高肉鸡腹水症的发病率。所以在勤清粪的基础上，必须通风换气，使鸡舍内的空气中氨气的浓度在20微升/升以下，硫化氢的浓度在25微升/升以下，二氧化碳的浓度在 1 500 微升／升以下，一般以人进入鸡舍后无憋闷、刺眼、刺鼻感为宜。

通风换气除可起到上述排污作用之外，还可保证舍内空气流通，调整鸡舍温度，使鸡舍内环境均匀一致。在夏季，保持一定的通风量，可以在鸡体周围形成气流，有利于体热的散失，减少中暑的发病率。

3. 适宜的光照

光照是一切生物生长发育和繁殖所必需的。合理的光照制度和光照强度不但可以促进家禽的生长发育，提高机体的免疫力和抗病能力，而且对家禽的生殖功能起着极为重要的作用，可使青年鸡适时达到性成熟，并适时开产，维持产蛋鸡稳定的高产性能。光照强度过大，易引起鸡群骚动不安、神经质和啄癖等现象；光照强度和光照时间的突然变化，会引起产蛋率大幅度下降；光照不足则造成青年鸡生殖系统发育延迟，产蛋鸡产蛋率降低，蛋壳强度下降，并出现瘫鸡。

4. 控制适宜的饲养密度

适宜的饲养密度是保证鸡群正常发育、预防疾病不可忽视的措施之一。密度过大，鸡群拥挤，不但会造成鸡采食困难，而且空气中尘埃和病原微生物数量较多，最终引起鸡群发育不整齐，免疫效果差，易感染疾病和啄癖，死淘率高。密度过小，不利于鸡舍保温，也不经济。密度的大小应随品种、日龄、鸡舍的通风条件、饲养的方式和季节等而做调整。

（五）搞好饲料原料质量检测工作，供给全价营养日粮

把好饲料原料质量关是保证供给鸡群全价营养日粮、防止营养代谢病和霉菌毒素中毒病发生的前提条件。大型集约化养鸡场可将所进原料或成品料分析化验之后，再依据实际含量进行饲料的配合，严防购入掺假、发霉等不合格的饲料，造成不必要的经济损失。小型养鸡场和专业户最好从信誉高、有质量保证的大型饲料企业采购饲料。自己配料的养殖户，最好能将所用原料送质检部门化验后再用，以免造成不可挽回的损失。

（六）避免或减轻应激，定期药物预防或疫苗接种

多种因素均可对鸡群造成应激，其中包括捕捉、转群、断喙、免疫接种、运输、饲料转换、无规律的供水供料等生产管理因素以及饲料营养不平衡或营养缺乏、温度过高或过低、湿度过大或过小、不适宜的光照、突然的音响等环境因素。实践中应尽可能通过加强饲养管理和改善环境条件，避免和减轻以上两类应激因素对鸡群的影响，防止应激造成鸡群免疫效果不佳、生产性能和抗病能力降低。如不可避免应激时，可于饲料或饮水中添加大剂量的维生素 C（每吨饲料中加入 100~200 克）或抗应激制剂（如每吨饲料添加 0.1% 的琥珀酸盐或 0.2% 的延胡索酸），也可以用多维电解质饮水，以减轻应激对鸡群的影响。

根据本场或本地区传染病发生的规律性，定期地使用药物预防和疫苗接种是预防疾病发生的主要手段之一，但应杜绝滥用或盲目用药或疫苗，以免造成不良后果。

（七）淘汰残次鸡，优化鸡群素质

鸡群中的残次个体，不但没有生产价值或生产价值不大，而且往往带菌（或病毒），是疾病的传染源之一。因此，淘汰残次鸡，一方面可以维护整群鸡的健康，另一方面又可以降低饮料消耗，提高整个鸡群的整齐度和生产水平。这些残次个体包括发育不良鸡、病鸡、有疾病后遗症的鸡、低产或停产鸡等。

三、建立完善的病例档案

病例档案是鸡场赖以制定合理的药物预防和免疫接种程序的重要依据，也是保证鸡场今后防疫顺利进行的重要参考资料。病例档案应包括以下内容：① 引进鸡的品种、时间、入舍鸡数和种鸡场联系地址；② 所使用的免疫程序、疫苗来源；已进行的药物预防的时间、药物种类；③ 发生疾病的时间、病名、病因、剖检记录、发病率、死淘率及紧急处理措施。

四、发生传染病时的紧急处置措施

传染病的一个显著特点是具有潜伏期，病程的发展有一个过程。由于鸡群中个体体质的不同，感染的时间也不同，临床症状表现的有早有晚，总是部分鸡只先发病，然后才是全群发病。因此，饲养人员要勤于观察，一旦发现传染病或疑似传染病，需尽快进行紧急处理。

（一）封锁、隔离和消毒

一旦发现疫情，应将病鸡或疑似病鸡立即隔离，指派专人管理，同时向养鸡场所有人员通报疫情，并要求所有非必需人员不得进入疫区和在疫区周围活动，严禁饲养员在隔离区和非隔离区之间来往，使疫情不致扩大，有利于将疫情限制在最小范围内就地消灭。在隔离的同时，一方面立即采取消毒措施，对鸡场门口、道路、鸡舍门口、鸡舍内及所有用具都要彻底消毒，对垫草和粪便也要彻底消毒，对病死鸡要做无害化处理；另一方面要尽快作出诊断，以便尽早采取治疗或控制措施。最好请兽医师到现场诊断，本场不能确诊时，应将刚死或濒死期的鸡，放在严密的容器中，立即送有关单位进行确诊。当确诊或怀疑为严重疫情时，应立即向当地兽医部门报告，必要时采取封锁措施。

治疗期间，最好每天消毒1次。病鸡治愈或处理后，再经过一个该病的潜伏期的时限，并再进行1次全面的大消毒，之后才能解除隔离和封锁。

（二）紧急接种

在确诊的基础上，为了迅速控制和扑灭疫病，应对疫区和受威胁区的鸡群进行应急性的免疫接种，即紧急接种。紧急接种的对象包括：有典型症状或类似症状的鸡群；未发现症状，但与病鸡及其污染环境有过直接或间接接触的鸡群；与病鸡同场或距离较近的其他易感鸡群。接种时最好做到勤换针头，也可将数十个针头浸泡在刺激性较小的消毒液（如0.2%的新洁尔灭）中，轮换使用。紧急接种包括疫苗紧急接种和被动免疫接种。

1. 疫苗紧急接种

实践证明，利用弱毒或灭活苗对发病鸡群或可疑鸡群进行紧急免疫，对提高机体免疫力、防御环境中病原微生物的再感染具有良好效果。如用Ⅳ系弱毒苗饮水，或同时用鸡新城疫油乳剂灭活苗皮下注射，对发生新城疫的鸡群紧急接种是临床上常用的方法。

2. 被动免疫接种（免疫治疗）

这是一种特异性疗法，是采用某种含有特异性抗体的生物制品如高免血清、高免卵黄等针对特定的病原微生物进行治疗。其最大的优点是：对病鸡有治疗作用，对健康鸡有预防作用。如利用高免血清或高免卵黄治疗鸡传染性法氏囊炎。其缺点有：外源性抗体在体内消失较快，一般7~10天仍需进行疫苗免疫；有通过高免血清或卵黄携带潜在病原的可能。因此免疫治疗只能作为防病治病的应急措施，不能因此而忽略其他的预防措施。

3. 药物治疗

治疗的重点是病鸡和疑似病鸡，但对假定健康鸡的预防性治疗亦不能放松。治疗应在确诊的基础上尽早进行，这对及时消灭传染病、阻止其蔓延极为重要，否则会造成严重后果。

有条件时，在采用抗生素或化学药品治疗前，最好先进行药敏实验，选用抑菌效果最好的药物，并且首次剂量要大，这样效果较好。

也可利用中草药治疗，不少中草药对某些疫病具有相当好的疗效，而且不产生耐药性、无毒、副作用，现已在鸡病防治中占相当地位。

4. 护理和辅助治疗

鸡在发病时，由于体温升高、精神呆滞、食欲降低、采食和饮水减少，造成病鸡摄入的蛋白质、糖类、维生素、矿物质水平等低于维持生命和抵御疾病所需的营养需要。因此必要的护理和辅助治疗有利于疾病的转归。

① 可通过适当提高舍温、勤在鸡舍内走动、勤搅拌料槽内饲料、改善饲料适口性等方面促进鸡群采食和饮水。

② 依据实际情况，适当改善饲料中营养物质的含量或在饮水中添加额外的营养物质。如适当增加饲料中能量饲料（如玉米）和蛋白质饲

料的比例，以弥补食欲降低所减少的摄入量；增加饲料中维生素 A、维生素 C 和维生素 E 的含量，对于提高机体对大多数疾病的抵抗力均有促进作用；增加饲料维生素 K 含量对各种传染病引起的败血症和球虫病等引起的肠道出血都有极好的辅助治疗作用；另外在疾病期间家禽对核黄素的需求量可比正常时高 10 倍，对其他 B 族维生素（烟酸、泛酸、维生素 B_1、维生素 B_{12}）的需要量为正常的 2~3 倍。因此在疾病治疗期间，适当增加饲料中维生素或在饮水中添加一定量的速补 –14 或其他多维电解质一类的添加剂极为必要。

第四章　鸡常见病的防制方法

第一节　常见病毒性疾病的防制

一、新城疫

鸡新城疫又称亚洲鸡瘟，它是由副黏病毒引起的鸡的一中急性、高度接触性、烈性传染病。病毒不易变异，只有一个血清型，但不同毒株间致病力不同。主要特征，呼吸困难、下痢、有神经症状、产蛋急剧下降、浆膜黏膜出血、传播快、死亡率高。

（一）诊断

体温升高，精神不振，离群呆立，羽毛松乱，缩颈闭眼。呼吸困难，张口伸颈，时有喘鸣音和咯咯声，有吞咽动作，鸡冠肉髯呈青紫色。嘴角流涎，常有甩头动作。倒提鸡时从口内流出大量淡黄色酸臭黏性液体（图4-1）。下痢，粪便呈黄色或白色水样。部分病鸡出现脚、翼麻痹、瘫痪，头颈扭曲、转圈等神经症状。这种症状雏鸡和育成鸡群多发。

病死鸡剖检，见口咽部蓄积黏液，嗉囊内充满酸臭、浑浊的液体。胸腺肿大，有暗红色点状出血。喉头和气管黏膜充血、出血，有黏液。腺胃乳头出血、溃疡（图4-2），腺胃交界处黏膜有条状出血和（或）溃疡。十二指肠及小肠黏膜出血和溃疡，在不同的肠段形成岛屿状或枣核状坏死溃疡灶（图4-3），溃疡灶表面有黄色或灰绿纤维素膜覆盖，剥离后露出粗糙红色的溃疡面。溃疡灶主要发生淋巴滤泡处；盲肠扁桃体肿胀、出血和溃疡（图4-4），直肠和泄殖腔出血。腹部脂肪出现细小的出血点。蛋鸡出现卵泡变形、血肿和破裂。

　　非典型新城疫病理变化不典型,主要表现为肠道和泄殖腔充血、出血。

图4-1　口中流出酸臭液体

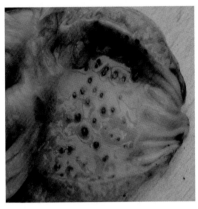

图4-2　典型新城疫腺胃乳头出血

图4-3　小肠淋巴滤泡肿胀出血

图4-4　盲肠扁桃体肿大、出血

　　（二）防制措施

　　1. 预防

　　（1）切断病毒入侵途径　在养殖场大门口和鸡舍门口都要设置消毒池,在消毒池里先放置一些稻草或草苫子,再倒入消毒液。消毒液可用 2%~3% 的氢氧化钠或 5% 的来苏儿。消毒液的注入量应以浸过草为宜；每天定时（早晨 7：30）将消毒液更换一次。

　　鸡舍的消毒坚持每天 1 次，对鸡舍里面和外部四周环境以及各种养殖用具进行消毒。消毒液可用 3%~5% 的来苏儿，0.2%~0.5% 的过氧乙酸。但在免疫前、中、后至少 1 天内不可带鸡消毒。肉鸡出栏后，要按规定空舍 2 周后再上鸡。

　　（2）隔离病鸡　提高鸡舍温度 3~5℃，在饮水中加入多种维生素和电解质。

　　（3）科学免疫　对于雏鸡应视其母源抗体水平高低来确定首免日龄，一般应在母源抗体水平低于 1：16 时进行首免，确定二免、三免日龄时也应在鸡群 HI 抗体效价衰减到 1：16 时进行，才能获得满意的效果。

　　在一般的疫区，可以采用下列免疫程序：7 日龄用新城疫Ⅳ系 +H120 点眼、滴鼻，每只 1 羽份，同时注射新支二联油苗每只 1 羽份；23 日龄用新城疫Ⅳ系或克隆 30 3 倍量饮水；33 日龄用克隆 30 或Ⅳ系 4 倍量饮水。

　　在新城疫污染严重的地区，1 日龄用新城疫传染性支气管炎二联弱毒疫苗喷雾或滴鼻、点眼；8~10 日龄用新城疫弱毒疫苗饮水，新城疫油苗规定剂量颈部皮下注射；14 日龄用法氏囊弱毒疫苗饮水；20~25 日龄新城疫弱毒疫苗饮水。

　　2. 治疗措施

　　做到早发现、早确诊、早采取有效措施治疗。

　　（1）快速确诊　鉴于目前发生的鸡新城疫多为非典型的，仅凭临床症状难以确诊，对疑似发病鸡群应尽早根据临床症状、流行病理特点、解剖病变和采用实验室诊断方法确诊，采取有效措施，防止疾病扩散，减少经济损失。加强管理，减少各类应激。

　　（2）封锁隔离　在确诊发生鸡新城疫时，鸡场应采取封锁隔离，彻底清洁消毒等必要措施，防止病原扩散。

　　（3）紧急免疫接种　对 30 日龄内肉鸡，用鸡新城疫Ⅳ系疫苗或克隆 -30 进行紧急免疫接种，最好采用点眼、滴鼻免疫。紧急接种时，要注意接种顺序，首先接种假定健康鸡群，再接种可疑鸡群，最后接种病鸡群。30日龄后的肉鸡群，可考虑出栏。

（4）标本兼治，控制病情　本病为病毒性疾病，没有特效治疗方法。可考虑标本兼治，控制病情。大多数鸡发病时，肌注高免蛋黄液（同时加入抗菌药物），注射抗病毒药物；也可用干扰素治疗；聚肌胞、黄芪多糖、白介素、清热解毒中药等，对本病有一定控制作用。使用抗生素、解热镇痛、止咳化痰平喘药、糖皮质激素类、维生素等药物，可防止继发感染。

二、低致病性禽流感

（一）诊断

低致病性禽流感又叫致病性禽流感、非高致病性禽流感或温和型禽流感，它是指某些致病性低的禽流感病毒毒株（如H9N2亚型）感染肉鸡引起的以低死亡率和轻度的呼吸道感染等临床症候群，其本身并不一定造成鸡群的大规模死亡。由于它们对肉鸡养殖和贸易的影响没有高致病性禽流感严重，因此没有被列为A类或B类疾病。但它感染后往往造成鸡群的免疫力下降，对各种病原的抵抗力降低，常常易并发或继发感染。当这类毒株感染伴随有其他病原的感染时，死亡率变化范围较广（5%~97%），往往造成很高的致死率。

损伤主要发生在呼吸道、生殖道、肾或胰腺。因此低致病性禽流感对肉鸡业的危害也是很严重的。因此，每次突然暴发的高死亡率疫病，往往就是低致病性禽流感。

1. 临床症状

低致病性禽流感因地域、季节、品种、日龄、病毒的毒力不同而表现出症状不同、轻重不一的临床变化。

① 精神不振，或闭眼沉郁，呆立一隅或扎堆靠近热源，体温升高，发烧严重，鸡将头插入翅内或双腿之间，反应迟钝。

② 采食和饮水减少或废绝，拉黄白色带有大量泡沫的稀便或黄绿色粪便，有时肛门处被淡绿色或白色粪便污染。

③ 张口呼吸，呼吸困难，打呼噜，呼噜声如蛙鸣叫，此起彼伏或遍布整个鸡群，有的鸡发出尖叫声，甩鼻，流泪，肿眼或肿头，肿头严重鸡如猫头鹰状。病鸡多窒息蹦高而死亡，死态仰翻，两脚登天。

④ 鸡冠和肉髯发绀，鸡脸无毛部位发紫（图4-5）；病鸡下颌肿胀、发硬（图4-6）。胫部以下鳞片发红或发紫，鳞片下出血（图4-7）。病鸡或死鸡全身皮肤发紫或发红（图4-8）。

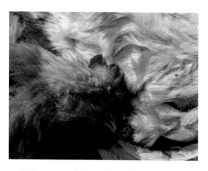

图4-5　鸡冠、肉髯肿胀、发紫

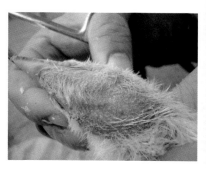

图4-6　病鸡下颌肿胀、发硬

图4-7　胫部鳞片下出血

图4-8　继发大肠杆菌后大批死亡，病死鸡鸡冠发绀

⑤ 肉鸡感染低致病性禽流感后，可破坏免疫系统，导致严重的免疫抑制；可继发大肠杆菌病、气囊炎，造成较高的致死率。

2. 主要病理变化

① 低致病性禽流感跗关节以下胫部鳞片出血。

② 肺脏坏死，气管栓塞，气囊炎。肺脏大面积坏死是肉鸡发生

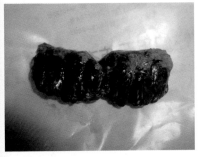

图 4-9 肺脏瘀血水肿

流感的一个特征性病变。肺脏瘀血、水肿、发黑（图 4-9）；鼻腔黏膜充血、出血，气管环状出血，内有灰白色黏液或干酪样物（图 4-10）；气囊混浊，严重者可见炒鸡蛋样黄色干酪样物（图 4-11）；支气管、细支气管内有黄白色干酪样物。气囊中出现干酪样物，引发气囊炎，临床上多见胸、腹腔的气囊中出现干酪样物。

图 4-10 气管内黄色干酪样物

图 4-11 气囊浑浊，有黄色干酪样物

③ 引起肾充血。肉鸡常见肾脏肿大，紫红色，花斑样，此种现象与肾型传染性支气管炎、痛风等病有相似之处。鉴别诊断在于肾型传染性支气管炎机体脱水更严重，尸体干硬，皮肤难于剥离，死态多见两腿收于腹下；肾型传染性支气管炎一般见不到类似禽流感的多处出血现象。禽流感出现的肾肿、花斑肾和严重肾出血，使用通肾药物效果不明显。

④ 皮下出血。病鸡头部皮下胶冻样浸润，剖检呈胶冻样；颈部皮下、大腿内侧皮下、腹部皮下脂肪等处，常见针尖状或点状出血，这样的点状出血解剖活禽时易发现，而死亡时间长的则看不到。

⑤ 腺胃肌胃出血。腺胃肿胀，腺胃乳头水肿、出血，肌胃角质层

易剥离，角质层下往往有出血斑；肌胃与腺胃交界处常呈带状或环状出血。

⑥ 心肌变性（图4-12），心内、外膜出血；心冠脂肪出血（图4-13）。

图4-12 心肌变性、坏死

图4-13 心冠脂肪出血

⑦ 肠鼓气，肠壁变薄，肠黏膜脱落。

⑧ 胰脏边缘出血或灰白色坏死（图4-14、图4-15），有时肿胀呈链条状。

图4-14 胰腺边缘出血

图4-15 脾脏肿大，有灰白色坏死灶

图4-16 胰腺灰白色坏死

⑨脾脏肿大，有灰白色的坏死灶（图4-16）。

⑩胸腺萎缩，出血（图4-17）。

⑪继发严重的肝周炎、心包炎（图4-18）。

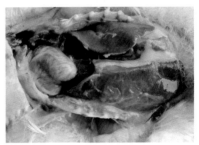

图4-17　胸腺萎缩、出血　　　图4-18　禽流感继发心包炎、肝周炎

（二）防控

1.快速处理

①冬春季节严格执行疾病零汇报制度，一旦发现有支气管堵塞现象，要立即上报。冬春季节前要做好疾病防控知识培训，提高相关人员对H9的敏感度。由于H9很容易同应激造成的张口呼吸、慢呼等常见呼吸道病混淆，容易被误诊，要引起注意。

②要具备H9的完善实验室诊断能力，要配备H9病原分离、鉴定专业人员及相关实验条件，及时收集病料。有条件的单位可第一时间将病料或分离毒株进行测序鉴定，并进行分子流行病学分析。

③入冬前要储备防疫物资，如蛋黄液（卵黄囊抗体），相应疫苗等。

2.肉鸡H9的主要防控措施

（1）免疫　快大型肉鸡很少接种禽流感疫苗；但对优质肉鸡，必须进行禽流感疫苗免疫注射。建议禽流感免疫程序（包种鸡和优质肉鸡）：10日龄以内，用H9N2亚型和H5N1亚型禽流感疫苗，每只0.3毫升，分别皮下注射；25日龄，用H9N2亚型和H5N1亚型禽流感疫苗，每只0.5毫升，分别皮下注射；120日龄（产蛋前），用H9N2亚型和 H5N1 亚型禽流感疫苗，每只 0.5 毫升，分别皮下注射，或二联禽流感疫苗，每只 0.5 毫升，皮下注射；3 个月后加强免疫一次。

（2）保护呼吸道黏膜，建立屏障　呼吸道是病原体入侵的门户，被称为"万病之源"，呼吸道黏膜保护好了，就相当于建立起了一道天然屏障。实践证明：使用蜂胶感清喷雾能明显降低病毒的感染机会，保护呼吸道黏膜，提高养鸡成功率。

（3）保护消化道，清除霉菌毒素　肠道也是病原体进入的门户，特别是近两年霉菌毒素中毒现象频发，造成消化系统损伤，免疫抑制问题严重。保护好消化道，清除霉菌毒素，能减少免疫抑制，提高疫苗成功率，减少 H9 的感染概率。

（4）减少免疫空白期的危害　每次活疫苗免疫后，疫苗会中和体内原来的一部分抗体，而新抗体需要 5~7 天才能产生，这段时间被称为免疫间隙，很容易发生问题。此阶段防控的要点是提升机体免疫力，降低呼吸道反应。肉鸡 25~30 日龄，禽流感、新城疫等抗体在体内降到最低，是机体最危险的时期，被称为肉鸡的免疫空白期。此阶段鸡生长最快，也是最容易发生问题的时期，要特别注意。

（5）加强通风，不容忽视保温　标准化鸡场设备使用不当出现问题的鸡场很多，特别是那些老养鸡户由开放式鸡舍转成标准化鸡舍。管理条件发生了变化，设备不会用，通风过小、过大出现的问题多。初春的"倒春寒"，天气突变，保温措施不当，会让不少养鸡户吃亏。所以养鸡关键是管理细节，一点不容忽视，学会设备使用才是当务之急。

（6）加强消毒，正确消毒　当前环境下，养鸡加强消毒、加强生物安全措施至关重要。建议除了常规的消毒措施外，还要加强带鸡消毒措施来杀死舍内的病原微生物。有些鸡场不知道什么时候应该消毒、如何消毒。鸡每次活疫苗免疫后 24 小时应该带鸡消毒，杀死鸡体通过呼吸道和粪便排出的疫苗毒，防止毒力增强和持续不断地排毒刺激鸡的呼吸道，引起严重的呼吸道反应，这就是所谓的疫苗"滚动应激"。每次活疫苗免疫后 24 小时，带鸡喷雾消毒 3 天，杀死排出的活疫苗毒。采用本措施后，对降低肉鸡疫苗后呼吸道反应效果明显。呼吸道控制好，H9 流感感染机会就少。25 日龄以后每隔 3 天带鸡消毒一次，能减少

H9 流感的感染机会。

三、传染性支气管炎

鸡传染性支气管炎是由传染性支气管炎病毒引起的一种急性高度接触性呼吸道传染病。其临诊特征是呼吸困难、发出啰音、咳嗽、张口呼吸、打喷嚏。如果病原不是肾病变型毒株或不发生并发症，死亡率一般很低。对肉鸡危害最严重的是肾型支气管炎。其症状呈二相性：第一阶段有几天呼吸道症状；第二阶段有几天症状消失的"康复"阶段；第三阶段就开始排水样白色或绿色粪便，并含有大量尿酸盐。病鸡脱水，表现虚弱嗜睡，鸡冠褪色或呈紫兰色，致死率高。

（一）诊断

1. 流行情况

肉鸡传染性支气管炎是由冠状病毒引起的肉鸡的一种急性、高度接触性呼吸道疾病。

因病毒血清型不同，肉鸡传染性支气管炎多见肾型、呼吸型、腺胃型。该病病原的血清型较多，新的血清型不断出现，常导致免疫失败，使该病不能得到有效控制，给肉鸡业造成巨大损失。

各地分离的病毒血清型复杂，经常有新的血清型出现，不同血清型之间仅有部分交叉保护作用，甚至不能交叉保护。而血清型与临床表现也无明显的相关性，血清型相同的毒株可能有不同的临床表现。病毒对外界抵抗力不强，耐寒不耐热，1% 石炭酸和 1% 甲醛溶液都能很快把它杀死。

临床型感染和亚临床感染均致使鸡群生产性能下降，饲料报酬降低，肾型传染性支气管炎病鸡呼吸困难，气管啰音，咳嗽。有较高致死率，常继发或并发霉形体病、大肠杆菌病、葡萄球菌感染等，导致死淘率增加。传染性支气管炎病毒为冠状病毒科冠状病毒属成员。病毒主要存在于病鸡呼吸道和肺中，也可在肾、法氏囊内大量增殖，在肝、脾及血液中也能发现病毒。传染源主要是病鸡和康复后带毒鸡，康复鸡可带毒 35 天。传播途径主要通过空气（飞沫）经呼吸道传播，也可通过污染的饲料、饮水和器具等间接地经消化道传播。

本病只感染鸡，不同年龄、品种鸡均易感。本病传播迅速，一旦感染，可很快传播全群。一年四季均可发病，寒冷季节多发。

2.临床症状和病理变化

（1）肾型传染性支气管炎　肾型传染性支气管炎病毒是鸡传染性支气管炎病毒的一个变种，对鸡的肾脏有好嗜性，耐低温不耐高温。因此本病常在冬季流行，秋末和春初亦常见，夏季较少发生。主要经空气传播，一旦感染传播非常迅速。发病日龄主要集中在 20~40 日龄左右的肉鸡，但也有早期 3 日龄感染的个别病例。

发病后出现的典型症状一般分 3 个阶段。

第一阶段：呼吸道症状期。发病急，从最初只有几只鸡表现呼吸道症状，气管啰音、喷嚏，后迅速波及全群，一般第 3~4 天呼吸道症状最为严重，60%~70% 的鸡甩鼻、呼噜、无流泪肿脸现象，采食量基本维持原量。解剖时多表现为气管黏液增多，其他病变不突出。

第二阶段：假康复期。第 5~6 天后呼吸道症状减轻乃至消失，出现假康复现象。鸡群无异常表现，似乎"恢复健康"。解剖时各个器官无明显的病变。

第三阶段：花斑肾症状期。假康复 1~2 天后粪便开始变稀，白色尿酸盐稀便逐渐加剧，肛门周围羽毛粘有白色粪便，后出现"哧哧"的水便急泄现象，粪便中几乎全是尿酸盐。

病鸡表现聚堆、精神萎靡、羽毛蓬乱无光泽、采食量减少，逐渐出现死亡。病鸡眼窝凹陷、脚爪干瘪，皮肤干缩、紧贴肌肉，不易剥离。死亡鸡只典型表现：两腿蜷缩趴卧，尸体僵硬，呈"速冻鸡"现象。

剖检，胸肌和腿肌发绀、脱水（图 4-19），泄殖腔内充满尿酸盐。肾脏肿大数倍，黄斑状、输尿管、肾小管充满白色的尿酸盐，俗称"花斑肾"（图 4-20）。出现花斑肾症状后，死亡率迅速上升，经济损失严重。

临诊时要注意肾传支与其他疾病的鉴别诊断。肉鸡痛风，是因蛋白或劣质蛋白过高引起，没有流行性，没有呼吸道症状，有时可见关节肿胀，大群有瘫痪现象；传染性法氏囊炎表现腺胃与肌胃交界处有出血带，胸肌、腿肌有出血现象；温和型禽流感的某些禽流感毒株可引起花斑肾现象，但同时还具备相应部位的出血，而肾传支很少见到各种出血现象。再者，肾传支的鸡群喝水大增，而禽流感的鸡群喝水量增幅不是太大，通过问诊可以区别。

图 4-19　胸肌脱水，干瘪，弹性降低

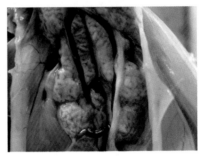

图 4-20　肾肿，花斑肾，输尿管内有大量尿酸盐

（2）呼吸型传染性支气管炎　主要通过呼吸道传播，各日龄鸡均易感染。发病日龄多在 5 周以下，全群几乎同时发病。雏鸡发病初期主要表现为流鼻液、流泪、咳嗽、打喷嚏、呼吸困难、常伸颈张口喘气。发病轻时白天难以听到，夜间安静时，可以听到伴随呼吸发出的喘鸣声。

剖检可见鼻腔和鼻窦内有浆液性、卡他性渗出物或干酪样物质，气管和支气管内有浆液性或纤维素性团块。气囊浑浊，并覆有一层黄白色

图 4-21　气管环出血

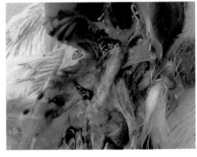

图 4-22　肺水肿、出血，气囊浑浊

干酪样物。气管环出血（图4-21），肺脏水肿或出血（图4-22）。特征性变化是在气管和支气管交叉处的管腔内充满白色或黄白色的栓塞物。

（3）腺胃型传染性支气管炎　病鸡采食量下降，精神差，羽毛蓬乱，呆立；发病鸡高度消瘦，发育整齐度差，拉白绿色稀便。

剖检，见腺胃肿大，质地坚硬（图4-23）；腺胃壁增厚，剪开往往外翻；腺胃乳头肿大、突起（图4-24）。

图4-23　腺胃肿大、坚硬

图4-24　腺胃壁增厚，剪开往往外翻，腺胃乳头肿大、突起

（二）防制

1. 预防措施

早期应用疫苗是预防该病的根本措施。在没有母源抗体或母源抗体水平很低的雏鸡群，防疫宜在5日龄以内进行。目前使用的疫苗为弱毒疫苗，使用最广泛的是鸡胚致弱的H120株和H52株；H120毒力弱，适用于1~3周龄雏鸡；H52毒力稍强，一般用于4~15周龄的青年鸡，免疫方法可采用滴鼻、饮水或气雾免疫，免疫期3个月。也可用新支二联苗（新城疫和传染性支气管炎）滴鼻、饮水。

对肾传染性支气管炎多发的地区，可以在鸡20日龄左右，再加强一次肾传染性支气管炎的免疫，免疫的疫苗应含有肾型传染性支气管炎的疫苗株，如Ma5、28/86等。最好使用多价苗，至少应与第一次免疫所使用的疫苗毒株有所区别，以尽量扩大疫苗的保护范围。

2. 治疗与保健措施

发病后应避免一切应激因素，保持鸡群安静；提高舍温 2~3℃，加强通风换气，夜间应适当亮灯，让病鸡适当活动饮水；避开任何伤肾药物的使用，如磺胺类药物、氨基糖苷类药物等；降低饲料中蛋白质水平，在全价饲料中加入 20%~30% 的玉米糁，并添加适量鱼肝油。有条件的鸡场多补充玉米和青菜，每天 1~2 次带鸡消毒。

鸡群发生肾传染性支气管炎后，一是要考虑使用传染性支气管炎多价疫苗 3 倍量饮水；二是可使用利尿消肿和析解排泄肾脏输卵管尿酸盐的药物通肾，最好是刺激作用小的中药制剂，以减少死亡。且不可胡乱用药，更不可一味依赖抗病毒药物，耽误病情的同时，会增加肾脏的负担。

四、传染性法氏囊炎

传染性法氏囊炎是由传染性法氏囊炎病毒引起的一种危害小鸡的急性、高度接触性传染病。在肉鸡生产上导致的经济损失主要表现在：3 周龄以上的肉鸡感染发病，造成大量死亡，并且有一定程度的免疫抑制；3 周龄以下的肉鸡感染，可表现出临床症状，同时伴有永久性的免疫抑制。

（一）诊断

1. 发病情况

本病主要发生于 2~11 周龄鸡，3~6 周龄最易感。感染率可达100%，死亡率常因发病年龄、有无继发感染而有较大变化，多在5%~40%。因传染性法氏囊病毒对一般消毒药和外界环境抵抗力强大，污染鸡场难以净化，有时同一鸡群可反复多次感染。

目前，本病流行发生了许多变化。主要表现在以下几点：发病日龄明显变宽，病程延长；目前临床可见传染性法氏囊炎最早可发生于 1 日龄幼雏；宿主群拓宽，鸭、鹅、麻雀均成为传染性法氏囊病毒的自然宿主，而且鸭表现出明显的临床症状；免疫鸡群仍然发病。该病免疫失败越来越常见，而且在我国肉鸡养殖密集区出现一种鸡群在 21~27 日龄进行过法氏囊疫苗二免后几天内暴发法氏囊病的现象；出现变异毒株和超强毒株。临床和剖检症状与经典毒株存在差异，传统法氏囊疫苗不能提供足够的保护力；并发症、继发症明显增多，间接损失增大。在传染性法氏囊炎发病的同时，常见新城疫、支原体、大肠杆菌、曲霉菌等并发感染，致使死亡率明显提高，高者可达80%以上，有的鸡群不得不全群淘汰。

2. 临床症状

潜伏期2~3天，易感鸡群感染后突然大批发病，采食量急剧下降，翅膀下垂，羽毛蓬乱，怕冷，在热源处扎堆。

饮水增多，腹泻，排出米汤样稀白粪便（图4-25）或拉白色、黄色、绿色水样稀便，肛门周围羽毛被粪便污染，恢复期常排绿色粪便。病初可见有病鸡啄自己的泄殖腔。发病1~2天后的病鸡精神萎靡，随着病情发展，发病后3~4天死亡达到高峰，7~8天后死亡停止。发病后期如继发鸡新城疫或大肠杆菌病，可使死亡率增高。耐过鸡贫血消瘦，生长缓慢。

图4-25 排出米汤样稀白粪便

图4-26 腿部肌肉刷状出血

3. 病理变化

病死鸡脱水，皮下干燥，胸肌和两腿外侧肌肉条纹状或刷状出血（图4-26）。法氏囊黄色胶冻样渗出（图4-27），囊浑浊，囊内皱褶出血，严重者呈紫葡萄样外观（图4-28）。肾脏肿胀，花斑肾，肾小管和输尿管有白色尿酸盐沉积。

图4-27　法氏囊内部黄色胶冻样渗出物

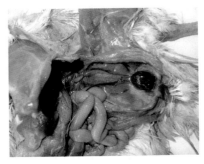

图4-28　法氏囊肿大、出血，呈紫葡萄样

（二）防制

1. 对发病鸡群及早注射高免卵黄抗体

制作法氏囊卵黄抗体的抗原最好来自本鸡场，每只鸡肌内注射1毫升。但要注意每只鸡更换一个针头，防止交叉感染，并保持鸡舍安静，防止产生应激。使用解热镇痛药，也可以迅速控制病情，减少鸡群伤亡。

同时要提高鸡舍温度2~3℃，尽量减少给鸡群带来的各种应激；降低饲料中蛋白质水平，可在原用日粮的基础上，添加2/3的玉米糁；如能配合补肾、通肾的药物，减少肾脏损害，可促进机体尽快恢复。病情好转后，及时使用敏感的抗生素，防止继发大肠杆菌病等细菌病。

2. 疫苗免疫是控制传染性法氏囊炎最经济最有效的措施

按照毒力大小，传染性法氏囊炎疫苗可分为3类。一是温和型疫苗，如D78、LKT、LZD228、PBG98等，这类苗对法氏囊基本无损害，但接种后抗体产生慢，抗体效价低，对强毒的传染性法氏囊炎感染保护力差；二是中等毒力的活苗，如B87、BJ836、细胞苗IBD-B2等，这类疫苗在接种后对法氏囊有轻度损伤，接种72小时后可产生免疫活力，持续10天左右消失，不会造成免疫干扰，对强毒的保护力较高；三是中等偏强型疫苗，如MB株、J-Ⅰ株、2512毒株、288E等，对雏鸡有一定的致病力和免疫抑制力，在传染性法氏囊炎重污染地区可以使用。

肉鸡免疫一般采取 14 日龄法氏囊冻干苗滴口，28 日龄法氏囊冻干苗饮水。在容易发生法氏囊病的地区，14 日龄法氏囊的免疫最好采用进口疫苗，每只鸡 1 羽份滴口，或 2 羽份饮水。饲养 50~55 日龄出栏大肉食鸡的养殖户，如果 28 日龄还要免疫，可采用饮水法免疫，但用量要加倍。

3. 落实各项生物安全措施，严格消毒

进雏前，要对鸡舍、用具、设备进行彻底清扫、冲洗，然后使用碘制剂或甲醛高锰酸钾熏蒸消毒。进雏后坚持使用 1：600 倍的聚维酮碘溶液带鸡消毒，隔日 1 次。

五、传染性喉气管炎

病原属疱疹病毒 I 型，有囊膜，核酸为双股 DNA，病毒颗粒呈球形。鸡传染性喉气管炎病毒（AILTV）有不同的病毒株，在致病性和抗原性上均有差异。

本病毒对乙醚、氯仿等脂溶剂均敏感。对外界环境的抵抗力不强，对各种消毒药均敏感。在低温（-20~-60℃）时能长期保存其毒力，煮沸立即死亡。

（一）诊断

1. 流行特点

侵害鸡，以成年鸡症状最为特征。幼龄火鸡、野鸡、鹌鹑和孔雀也可感染，其他禽不易感。病鸡和带毒鸡是传染源，经眼、呼吸道和消化道感染，被污染的料、水、垫料、用具等成为传播媒介。以秋、冬、春季多见，感染率高达 90%~100%，死亡率 10%~20%。通风不良，鸡群拥挤，缺乏维生素，其他病感染等，可促进本病发生和传播。

2. 主要症状

潜伏期 6~12 天。

急性：突然发病传播快。病初有鼻液，眼流泪。随后张嘴伸头喘

气，呼吸有湿啰音和喘鸣音，咳嗽。重症见冠紫色，闭眼，头颈蜷缩，痉挛咳嗽，咳出带血黏液，咳不出分泌物而堵塞可窒息而死。病鸡食欲减少或消失，迅速消瘦，排绿色稀粪。产蛋量下降或停止。病程 5~10天或更长，不死可康复成为带毒鸡。

慢性：精神不振，生长缓慢，产蛋减少，有鼻炎、结膜炎、眶下窦炎和气管炎。病程长达 1 个月，多数鸡可耐过，有细菌继发感染和应激因素，则病情复杂和死亡增加。

病变在喉头和气管，黏膜充血、肿胀、潮红、有黏液，进而黏膜发生变性、出血和坏死；气管中有含血黏液和血凝块，气管腔变狭，病程2~3 天后气管内有黄白色纤维素性干酪样假膜（图 4-29）。炎症可波及支气管、肺和气囊等。

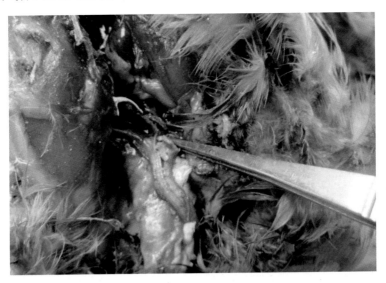

图 4-29　气管内黄色纤维素性干酪样假膜

（二）防制

日常加强饲养管理，注重环境防疫卫生，严格执行消毒制度等综合性防治措施，严防本病传入。病愈鸡不可和易感鸡群混群饲养，最好将其淘汰。在本病流行区，可用本病弱毒苗接种，按疫苗说明书使用。自然感染本病后的康复鸡，可获得终身免疫。

对本病防治可用抗病毒药，参照有关病毒病用药；为防止继发感染，可服用抗菌药，参照有关细菌病用药；对病鸡可对症治疗，可用中西药，如牛黄解毒丸、吉安喉感康、喉症丸等。

现有传染性喉气管炎重组鸡痘疫苗，具有较好的安全性和方便性，其免疫保护可达5个月之久，6个月后需对鸡群实施第二次免疫，该疫苗可望为该病的预防和控制发挥重要作用。

对本病的防治应采取更严厉的控制措施，提高鸡场的管理水平，采用更为安全有效的疫苗，以普遍提高鸡群的免疫水平。

六、病毒性关节炎

（一）发病情况

肉鸡病毒性关节炎是由呼肠孤病毒引起的肉鸡的传染病，又名腱滑膜炎。本病的特征是胫跗关节滑膜炎、腱鞘炎等，可造成鸡淘率增加、生长受阻、饲料报酬低。

本病仅见于鸡，可通过种蛋垂直传播。多数鸡呈隐性经过，急性感染时，可见病鸡跛行，部分鸡生长停滞；慢性病例，跛行明显，甚至跗关节僵硬，不能活动。有的患鸡关节肿胀、跛行不明显，但可见腓肠肌腱或趾屈肌腱部肿胀，甚至腓肠肌腱断裂，并伴有皮下出血，呈现典型的蹒跚步态。死亡率虽然不高，但出现运动障碍，生长缓慢，饲料报酬低，胴体品质下降，淘汰率高，严重影响肉鸡经济效益。

（二）临床症状和剖检变化

病鸡食欲不振，消瘦，不愿走动，跛行（图4-30）；腓肠肌断裂后，腿变形，顽固性跛行严重时瘫痪。

剖检，跗关节肿胀（图4-31）、充血或有点状出血，关节腔内有大量淡黄色、半透明渗出物（图4-32）。肉鸡趾屈腱及伸腱发生水肿性肿胀，腓肠肌腱粘连、出血、坏死或断裂（图4-33）。慢性病例，可见腓

图4-30 病鸡跛行

图4-31 跗关节肿胀

图4-32 跗关节肿胀，腔内有分泌物

图4-33 腓肠肌腱断裂

肠肌腱明显增厚、硬化，出现结节状增生，关节硬固变形，表面皮肤呈褐色。腱鞘发炎、水肿。有时可见心外膜炎，肝、脾和心肌上有小的坏死灶。

（三）防控

目前对于发病鸡群尚无有效的治疗方法。可试用干扰素、白介苗抑制病毒复制，抗生素防止继发感染。预防本病应注意以下两点。

1. 加强饲养管理

注意肉鸡舍及环境，从无病毒性关节炎的肉鸡场引种。坚持执行严格的检疫制度，淘汰病肉鸡。

2. 免疫接种

目前，实践应用的预防病毒性关节炎的疫苗有弱毒苗和灭活苗两种。种鸡群的免疫程序是：1~7日龄和4周龄各接种一次弱毒苗，开产前接种一次灭活苗，减少垂直传播的概率。但应注意不要和马立克氏病疫苗同时免疫，以免产生干扰现象。

七、鸡痘

鸡痘是由鸡痘病毒引起的一种接触性传染病，以体表无毛、少毛处皮肤出现痘疹或上呼吸道、口腔和食管黏膜的纤维素性坏死形成假膜为特征的一种接触性传染病。因影响肉鸡产品质量（图4-34），绝大部分食品企业拒收患病鸡，即便能勉强收购，售价也很低。

图4-34 鸡痘严重影响外观

预防鸡痘最有效的方法是接种鸡痘疫苗。夏秋季节，建议肉鸡养殖场户于5~10日龄接种鸡痘鹌鹑化弱毒冻干苗200倍稀释，摇匀后用消毒刺种针或笔尖蘸取，在鸡翅膀内侧无血管处进行皮下刺种，每只鸡刺种一下。刺种后3~4天，抽查10%的鸡作为样本，检查刺种部位，如果样本中有80%以上的鸡在刺种部位出现痘肿，说明刺种成功。否则应查找原因并及时补种。

第二节　常见细菌性疾病的防治

一、大肠杆菌病

近年来，随着肉鸡养殖密度的增加，养殖区域的不断扩大，养殖户对管理方面的疏忽，对养殖环境造成了较大的污染，肉鸡生产中大肠杆菌病日趋严重，给广大养殖场户造成了巨大的经济损失。

（一）发病情况

本病是由大肠杆菌的某些致病性血清型引起的疾病的总称，多呈继发或并发。由于大肠杆菌血清型众多，且容易产生耐药性，因此治疗难度比较大，发病率和死亡率高。

大肠杆菌是肉鸡肠道中的正常菌群，平时，由于肠道内有益菌和有害菌保持动态平衡状态，因此一般不发病。但当环境条件改变，肉鸡遇到较大应激，或在病毒病发作时，都容易继发或伴发本病。

肉鸡大肠杆菌病的发病率高，大大小小的养殖场几乎都暴发过，有的养殖场15日龄前大肠杆菌病的病死率高，治疗效果不理想，易反复发作，多与病毒病混合感染。肉鸡大肠杆菌病很少单一发生，多与鸡新城疫、肾传染性支气管炎、法氏囊病等病毒病混合感染，给治疗带来了一定的难度。

本病可通过消化道、呼吸道、污染的种蛋等途径传播，不分年龄、季节，均可发生。饲养管理和环境条件越差，发病率和致死率越高。

（二）临床症状与病理变化

单纯的肉鸡大肠杆菌病表现为精神不振，常呆立一侧，羽毛松乱，两翅下垂，尾部羽毛被白色、黄绿色稀薄粪便污染；呼噜、甩鼻及咳嗽；食欲减少，冠发紫，排白色、黄绿粪便。饲料转化率降低，后期易继发腹水症。有些肉鸡群表现为头部肉芽肿。幼雏（多在1~5日龄）

早期死亡，脐带发炎，愈合不良；卵黄吸收不良，囊壁充血，内容物黄绿色、黏稠或稀薄样，脐孔开张、红肿。

当大肠杆菌和其他病原菌（如支原体、传染性支气管炎病毒等）合并感染时，病鸡多有明显的气囊炎。临床表现呼吸困难、咳嗽。

肉鸡发生大肠杆菌病后，剖检时有恶臭味儿。病理变化多表现为：心包炎，气囊浑浊、增厚，有干酪物，心包积液，有炎性分泌物；肝周炎，肝肿大，有白色纤维素状渗出或形成干酪物（图4-35）；有些肉鸡群头部皮下有胶冻状渗出物；腹膜炎。雏鸡有卵黄收缩不良、卵黄性腹膜炎等变化，中大鸡发病有的还表现为腹水症。

混合感染时，可见气囊壁增厚、混浊，囊内含有淡黄色干酪样渗出物，心包增厚有多量纤维素性渗出物，腹腔积液，肝脏表面有多量纤维素性渗出物覆盖。

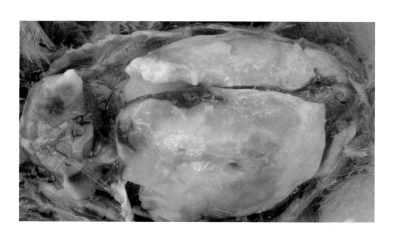

图4-35　肝脏表面形成的干酪物

有些情况下，肉鸡大肠杆菌病还表现以下不同类型。

全眼球炎表现为眼睑封闭，外观肿大，眼内蓄积多量脓性或干酪样物质。眼角膜变成白色不透明，表面有黄色米粒大的坏死灶。内脏器官多无变化。

大肠杆菌性肉芽肿，是在病鸡的小肠、盲肠、肠系膜及肝脏、心脏

等表面形成典型的肉芽肿，外观与结核结节及马立克氏病相似。

关节及关节滑膜炎型多是大肠杆菌败血症的一种后遗症，呈散发性。病鸡行走困难、跛行，关节周围呈竹节状肥厚。剖检可见关节液浑浊，有脓性或干酪样渗出物蓄积。

（三）防治

1. 预防

① 选择质量好、健康的鸡苗，这是保证后期大肠杆菌病少发的一个基础。

② 大肠杆菌是条件性致病菌，所以良好的饲养管理是保证该病少发的关键。例如温度、湿度、通风换气、圈舍粪便处理等都与大肠杆菌病的发生息息相关。

③ 适当的药物预防。药物的选择可根据鸡只的不同日龄，多听从兽医专家的建议进行选择，且不可滥用。

2. 治疗

① 弄清该鸡群发生的大肠杆菌病是原发病还是继发病，是单一感染还是和其他疾病混合感染，这是成功治疗本病的关键。

② 通过细菌培养和药敏试验选择高敏的大肠杆菌药物作为首选药物。

③ 增加维生素的添加剂量，提高机体抵抗力。

④ 改善圈舍条件，提高饲养管理水平。

二、沙门氏菌病

鸡沙门氏菌病是由沙门氏菌属引起的一组传染病，主要包括鸡白痢、鸡伤寒和鸡副伤寒，以雏鸡白痢最常见。雏鸡在 5~7 日龄时开始发病，病鸡精神沉郁，怕冷喜欢扎堆，下痢，排出一种白色似石灰浆状的稀粪，并粘附于肛门周围的羽毛上，有的可见关节肿大，行走不便，跛行，有的出现眼盲。

（一）诊断

1. 鸡白痢

是雏鸡的一种急性、败血性传染病。2 周龄以内的雏鸡发病率和死亡率都很高，成年鸡多呈慢性经过，症状不典型，但带菌种鸡可通过种蛋垂直传播给雏鸡，还可通过粪便水平传播。大多通过带菌的种蛋进行垂直传播。如果孵化了带菌的种蛋，雏鸡出壳 1 周内就可发病死亡，对育雏成活率影响极大。育成期虽有感染，但一般无明显临床症状，种鸡场一旦被污染，很难根除。

感染种蛋孵化时，一般在孵化后期或出雏器中可见到已死亡的胚胎和即将垂死的弱雏。

早期急性死亡的雏鸡，一般不表现明显的临床症状；3 周以内的雏鸡临床症状比较典型，表现为怕冷、尖叫、两翅下垂、反应迟钝、减食或废绝，排出白色糊状或白色石灰浆状的稀粪，有时粘附在泄殖腔周围。因排便次数多，肛门常被粘糊封闭，影响排粪，常称"糊肛"（图 4-36），病雏排粪时感到疼痛而发出尖叫声。鸡白痢病鸡还可出现张口呼吸症状。

图 4-36　糊肛

有的可见关节肿大，行走不便，跛行，有的出现眼盲。其引起的发病率与死亡率从很低到 80%~90% 不等，2~3 周龄是其高峰，3 或 4 周龄以后虽有发病，但很少死亡，表现为拉白色粪便，生长发育迟缓。康复鸡能成为终身带菌者。

雏鸡白痢病死鸡呈败血症经过，鸡只瘦小，羽毛污秽，肛门周围污染粪便、脱水、眼睛下陷、脚趾干枯；卵黄吸收不全；心包增厚，心脏上常可见灰白色坏死小点（图 4-37）或小结节肉芽肿（图 4-38）；肝脏肿大，并可见点状出血或灰白色针尖状的灶性坏死点（图 4-39）；胆囊扩张充满胆汁；脾脏肿大，质地脆弱；肺可见坏死或灰白色结节

图4-37　心脏上的黄色米粒大小的坏死灶

图4-38　心脏肉芽肿、变性

图4-39　病鸡瘦弱，肝脏上有密集的灰白色坏死点

图4-40　肺坏死性结节

（图4-40）；肾充血或贫血褪色，输尿管显著膨大，有时个别在肾小管中有尿酸盐沉积。肠道呈卡他性炎症，特别是盲肠常可出现干酪样栓子（图4-41）。

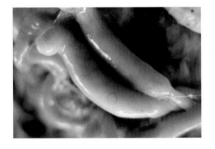

图4-41　慢性白痢引起盲肠肿大，形成肠芯

2. 鸡伤寒

鸡伤寒呈急性或慢性经过，各种日龄的鸡都可发生，毒力强的菌株引起较高死亡率，病鸡精神差，贫血，冠和肉髯苍白皱缩，拉黄绿色稀粪。肝、脾肿大，肝呈青铜色（图4-42），有时肝表面有出血条纹或灰白色坏死点（图4-43）；肠道有卡他性炎症，肠黏膜有溃疡

（图4-44），以十二指肠较严重。

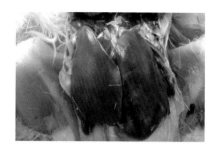

图4-42　伤寒引起的肝脏肿大，青铜肝

图4-43　肝脏肿大，表面有坏死灶

3. 鸡副伤寒

主要发生于幼鸡，临床症状和病理变化基本同鸡白痢。多为急性或亚急性经过，有时死亡率很高，青年鸡和成年鸡多为慢性或隐性经过，病鸡嗜睡，畏寒，严重水样下痢，泄殖腔周围有粪便粘污，出血性肠炎。肠道黏膜

图44　肠黏膜溃疡

水肿，局部充血和点状出血，肝肿大，有细小灰黄色坏死灶。

（二）防治

加强实施综合性卫生管理措施，结合合理用药是防治本病的关键。种鸡应严格执行定期检疫与淘汰制度。种鸡在140~150天进行第一次白痢检疫，视阳性率高低再确定第二次普检时间，产蛋后期进行抽检，对检出白痢阳性鸡要坚决淘汰。收集的种蛋用甲醛熏蒸消毒后再送入蛋库贮存，种蛋进入孵化器后及出雏时都要再次消毒。

① 对雏鸡（开口时）可选用敏感的药物加入饲料或饮水中进行预防，防止早期感染。

② 保证鸡群各个生长阶段、生长环节的清洁卫生，杀虫防鼠，防

止粪便污染饲料、饮水、空气、环境等。

③ 商品肉鸡要实行全进全出的饲养模式，推行自繁自养的管理措施。

加强育雏期的饲养管理，保证育雏温度、湿度和饲料的营养。

⑤ 治疗的原则是：抗菌消炎，提高抗病能力。可选择敏感抗菌药物预防和治疗，防止扩散。常用药物有庆大霉素、氟喹诺酮类、磺胺二甲基嘧啶等。

⑥ 在饲料中添加微生态制剂，利用生物竞争排斥的现象预防鸡白痢。常用的商品制剂有促菌生、强力益生素等，可按照说明书使用。

⑦ 使用本场分离的沙门氏菌制成油乳剂灭活苗，做免疫接种。

⑧ 种鸡场必须适时地进行检疫，检疫的时机以 140 日龄左右为宜，及时淘汰检出的所有阳性鸡。种蛋入孵前要熏蒸消毒，同时要做好孵化环境、孵化器、出雏器及所有用具的消毒。

三、传染性鼻炎

鸡传染性鼻炎是由鸡嗜血杆菌引起的一种急性呼吸道传染病，多发生于阴冷潮湿季节。主要是通过健康鸡与病鸡接触或吸入了被病菌污染的飞沫而迅速传播，也可通过被污染的饲料、饮水经消化道传染。

（一）诊断

1. 发病情况

鸡副嗜血杆菌对各种日龄的鸡群都易感，但雏鸡很少发生。在发病频繁的地区，发病正趋于低日龄，多集中在 35~70 日龄。一年四季都可发生，以秋冬季、春初多发。可通过空气、飞沫、饲料、水源传播，甚至人员的衣物鞋子都可作为传播媒介。一般潜伏期较短，仅1~3 天。

2. 临床症状及剖检变化

传染性鼻炎主要特征有喷嚏、发烧、鼻腔流黏液性分泌物、流泪、结膜炎、颜面和眼周围肿胀。发病初期用手压迫鼻腔可见有分泌物流出；随着病情进一步发展，鼻腔内流出的分泌物逐渐黏稠，并有臭味；

分泌物干燥后于鼻孔周围结痂。病鸡精神不振，食欲减少，病情严重者引起呼吸困难和啰音。

传染性鼻炎的病理变化在感染后 20 小时即可发现，眼部经常可见卡他性结膜炎（图 4-45）；鼻腔、窦黏膜和气管黏膜出现急性卡他性炎症，充血、肿胀、潮红，表面覆有大量黏液，窦内有渗出物凝块或干酪样坏死物（图 4-46）；严重时可见肺炎和气囊炎。

图 4-45 眼部肿胀、卡他性结膜炎

图 4-46 窦腔内渗出物凝块，干酪样坏死物

（二）防治

1. 规范鸡群周转计划

鸡副嗜血杆菌对一般消毒药均敏感，容易杀灭，且离开鸡体后很快死亡。如果鸡舍有足够的空舍时间，鸡舍内鸡副嗜血杆菌的存活率将大大降低，所以应尽量延长空舍时间。

2. 加强环境卫生和带鸡消毒工作

每天勤打扫舍内外环境卫生，及时清理落叶、杂草和污物；每天带鸡消毒两次，保证全面彻底，不留死角，有效减少环境中的病原菌含量。

3. 改进饲养管理

雏鸡阶段加强通风，将进风口的开启时间根据季节灵活掌握，协调好保温与通风的关系；增大湿度，1~7 天湿度控制在 65%，8~21 天控制在 50%~60%，以后维持在 40%~50%。如果粪板离鸡体太近或采用

人工清粪的方式则极易诱发呼吸道疾病，从而进一步诱发鼻炎，需对这种饲养管理方式进行改进。

4. 对于疫病高发期或风险较大区，坚持接种疫苗

根据本场实际情况选择适合的厂家的传染性鼻炎灭活疫苗，问题严重时可利用本场毒株制作自家苗有的放矢地进行防治。

5. 药物预防与治疗

因病菌潜伏期较短，当发现鸡群有流鼻汁或肿脸症状时，马上采取措施。首先对病鸡处理，及时将病鸡挑出，隔离（放在下风口）并加以个体治疗。同时大群开始投喂抗生素，如环丙沙星、恩诺沙星等1~2个疗程，每疗程4~6天，可按具体效果决定。特别注意喂料的顺序，必须最后给病鸡喂料，防止病菌通过饲料传播给健康鸡群。病愈鸡在新鸡进入前要及时淘汰。

如果病情严重，病鸡已达到全群的10%左右时，全群开始口服或注射敏感药。口服或注射敏感药一定要掌握好时间，使用过早易复发，可采用低剂量，延长治疗时间的方案（7天左右）。如果口服或注射完敏感药后个别鸡只有复发现象，数量较少时可及时挑出个体治疗。若复发病鸡较多，可考虑再次投喂抗生素一个疗程。经过这样治疗鼻炎基本可以得到控制。

四、鸡毒支原体病（慢性呼吸道病）

鸡毒支原体病又名慢性呼吸道病，是由鸡毒支原体引起的肉鸡的一种接触性、慢性呼吸道传染病。其特征是上呼吸道及邻近的窦黏膜炎症，常蔓延到气囊、气管等部位。表现为咳嗽、鼻涕、气喘和呼吸杂音。本病发展缓慢，又称败血霉形体病。

（一）诊断

1. 发病情况

本病的传播方式有水平传播和垂直传播，水平传播是病鸡通过咳嗽、喷嚏或排泄物污染空气，经呼吸道传染，也能通过饲料或水源由消化道传染，也可经交配传播。垂直传播是由隐性或慢性感染的种鸡所产

的带菌蛋，可使 14~21 日龄的胚胎死亡或孵出弱雏，这种弱雏因带病原体又能引起水平传播。

本病在鸡群中流行缓慢，仅在新疫区表现急性经过，当鸡群遭到其他病原体感染或寄生虫侵袭时，以及影响鸡体抵抗力降低的应激因素，如预防接种、卫生不良、鸡群过分拥挤、营养不良、气候突变等均可促使或加剧本病的发生和流行。带有本病病原体的幼雏，用气雾或滴鼻的途径免疫时，能诱发致病。若用带有病原体的鸡胚制作疫苗时，则能造成疫苗的污染。本病一年四季均可发生，但以寒冷的季节流行较严重。

2. 临床症状

本病的潜伏期，在人工感染 4~21 天，自然感染可能更长。

病鸡先是流稀薄或黏稠鼻液，打喷嚏，鼻孔周围和颈部羽毛常被沾污。其后炎症蔓延到下呼吸道，即出现咳嗽、呼吸困难、呼吸有气管啰音，夜间比白天听得更清楚，严重者，呼吸啰音很大，似青蛙叫。

病鸡食欲不振，体重减轻消瘦；到了后期，继发鼻炎、窦炎和结膜炎，鼻腔和眶下窦中蓄积多量渗出物，可见颜面（眼睑、眶下窦）肿胀、发硬，眼部突出如"金鱼眼"。眼球受到压迫，发生萎缩和造成失明，可以侵害一侧眼睛，也可能两侧同时发生。

本病易与大肠杆菌、传染性鼻炎、传染性支气管炎混合感染，从而导致气囊炎、肝周炎、心包炎，增加死亡率。若无病毒和细菌并发感染，死亡率较低。

3. 病理变化

肉眼可见的病变主要是鼻腔、气管、支气管和气囊中有渗出物，气管黏膜常增厚。胸部和腹部气囊的变化明显，早期为气囊膜轻度浑浊、水肿，表面有增生的结节病灶，外观呈念珠状。随着病情的发展，气囊膜增厚，囊腔中含有大量干酪样渗出物，有时能

图 4-47　鼻窦、眶下窦卡他性炎症及黄色干酪样物

见到一定程度的肺炎病变。在严重的慢性病例，眶下窦黏膜发炎，窦

腔中积有浑浊黏液或干酪样渗出物（图4-47），炎症蔓延到头部，头部皮下形成黄色干酪样物（图4-48）。病鸡严重者常发生纤维素性腹膜炎（图4-49）或纤维素性化脓性心包炎、肝周炎（图4-50）和气囊炎，此时经常可以分离到大肠杆菌。出现关节症状时，尤其是跗关节，关节周围组织水肿，关节肿大（图4-51）。

图4-48　头部皮下形成黄色干酪样物

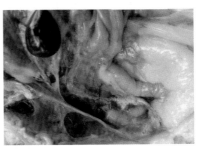

图4-49　纤维素性腹膜炎

图4-50　纤维素性心包炎、肝周炎

图4-51　趾关节肿大

（二）防治措施

1. 切断传染病源

病禽痊愈后多带菌，又可通过卵垂直感染，一旦发生即很难根除。因此应从无病鸡场引种，加强消毒工作，切断传染病源。种鸡场应建立没有本病的"净化"鸡群，给种鸡使用抗生素可降低感染率，孵化前对种蛋采用"温差法"（种蛋加热到37.8℃后浸入2~4℃ 400~3 000毫克/千克抗生素溶液中），使药液通过卵壳进入卵内；也可使用加热法，即在孵化器中12~14小时内将卵内温度逐渐升到46.3℃，然后降至孵化温度进行孵化，这些方法可明显降低种蛋的带菌率。孵出的1日龄雏鸡可用抗生素滴鼻，3~4周龄再重复1次。在2月、4月、6月龄时进行血清学检查，淘汰阳性鸡，将无病鸡群隔离饲养作种用，并对其后代继续观察。

2. 合理用药减少损失

但抗生素只能抑制支原体在机体内的活力，单靠治疗不能消灭本病。链霉素、四环素、土霉素、红霉素、泰乐菌素、螺旋霉素、壮观霉素、卡那霉素、支原净等对鸡毒支原体都有效，但易产生耐药性。选用哪种药物，最好先作药敏试验，也可轮换或联合使用药物。抗菌药物可采用饮水或注射的方法施药，有的也可添加于饲料中。

3. 疫苗接种

疫苗有两种，弱毒活疫苗和灭活疫苗。目前国际上和国内使用的活疫苗是F株疫苗。F株致病力极为轻微，给1日龄、3日龄和20日龄雏鸡滴眼接种，不引起任何可见症状或气囊上变化，不影响增重。油佐剂灭活疫苗效果良好，能防止本病的发生并减少诱发其他疾病。

对其他传染性疾病进行预防接种活疫苗时，应严格选择无霉形体污染的疫苗。许多病毒性活疫苗中常常有致病性霉形体的污染，鸡由于接种这种疫苗而受到感染，所以选择无污染活疫苗也是一种极为重要的预防措施。

五、败血霉形体病

鸡败血霉形体病是由败血性支原体引起的肉鸡的一种接触性、慢性呼吸道传染病。其特征是上呼吸道及邻近的窦黏膜炎症，常蔓延到气囊、气管等部位。表现为咳嗽、鼻涕、气喘和呼吸杂音。

图4-52　呼吸困难，运动失调

本病发展缓慢，又称慢性呼吸道病、支原体病。

常见呼吸道症状，表现鼻炎、喷嚏、咳嗽和气管啰音。有时因支原体侵入脑内，出现运动失调（图4-52）。

抗生素只能抑制支原体在机体内的活力，单靠治疗不能消灭本病。链霉素、四环素、土霉素、红霉素、泰乐菌素、螺旋霉素、壮观霉素、卡那霉素、支原净等对鸡毒支原体都有效，但易产生耐药性。疫苗有两种，弱毒活疫苗和灭活疫苗。目前国际上和国内使用的活疫苗是 F 株疫苗。

第三节　常见寄生虫病的防治

一、球虫病

球虫病是肉鸡生产中最常见的一种寄生性原虫病，由艾美耳属多种球虫寄生于鸡的肠上皮细胞内所引起。感染鸡的球虫有 7 种，分别为柔嫩、毒害、巨型、堆型、布氏、和缓和早熟艾美耳球虫。以柔嫩艾美耳球虫和毒害艾美耳球虫致病力最强，分别寄生于鸡的盲肠和小肠上皮细胞内，使肠黏膜组织受到严重损伤，并导致摄食和消化过程或营养吸收障碍。

球虫的生活周期短，潜伏期 4~7 天，繁殖力非常强大，但球虫的各阶段虫体只限于肠黏膜及其邻近组织，鸡一次吃少量卵囊并不会产生大的危害。球虫进行孢子生殖的适宜温度为 20~28℃，湿度大于 20%，氧气充足，而所有鸡场恰好提供了这样的条件。

球虫给鸡群造成的危害可概括为 3 个方面：导致鸡只的大批量发病和死亡；阻碍鸡只正常的生长发育；降低饲料报酬。球虫对不同品种、年龄、性别的鸡表现出的致病性有所不同。一般而言，幼雏的易感性较大，大鸡少发病是因为其在幼龄时受小剂量重复感染而获得了可靠的免疫力，公雏的易感性高于母雏，品系越纯对球虫的易感性越高。

球虫与其他病原具有协同的致病作用，肠道细菌如大肠杆菌、沙门氏菌等对球虫的致病力有增强作用，球虫感染后，还可使机体对新城疫、法氏囊等疾病的易感性升高。

（一）诊断

1. 临床症状

① 地面平养鸡发病早期偶尔排出带血粪便，并在短时间内采食加快，随着病情发展血粪增多。

② 病鸡精神沉郁，食欲不振，双翅下垂，闭目缩颈（图4-53）。靠近热源或蹲伏于墙边，死亡率逐渐增多。

图4-53　病鸡精神不振，双翅下垂，闭目缩颈

③ 笼养鸡、网上平养鸡常感染小肠球虫，呈慢性经过，病鸡排出未被完全消化的饲料粪，粪便混有血丝，胡萝卜丝样物（图4-54），或西红柿样稀粪（图4-55）。

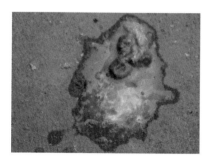

图4-54　下痢，排出胡萝卜丝样稀粪　　图4-55　下痢，排出西红柿样稀便

④ 全身贫血，冠、髯、皮肤颜色苍白。

⑤ 尾部羽毛被血液或暗红色粪便污染。

2. 病理变化

① 柔嫩艾美耳球虫感染时，见两侧盲肠显著肿大、增粗，外观呈暗红色或紫黑色（图4-56），内为暗红色血凝块或血水，并混有肠黏膜坏死物质（图4-57）；肠壁的浆膜面上可见灰白色出血斑点；盲肠壁

增厚。

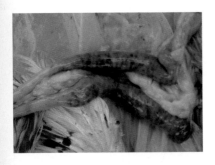

图 4-56 盲肠肿大，增粗，
出血，暗红

图 4-57 盲肠内的凝血块

② 毒害艾美耳球虫感染时，主要损害小肠的中前段。肠管增粗，肠壁增厚，有严重坏死，肠壁黏膜面上布有针尖大小出血点，肠浆膜面上有明显的淡白色斑点。小肠后段肠壁脆弱，肠管扩张，充满气体和黏液，肠黏膜上有致密的麸皮样黄色假膜，肠壁增厚，剪开自动外翻（图4-58）。小肠肿胀，出血，浆膜面布满灰白色坏死灶（图4-59）。

图 4-58 肠黏膜上致密的麸皮样黄
色假膜，肠壁增厚，剪开自动外翻

图 4-59 空肠肿胀，出血，浆膜面
布满灰白色坏死灶

③ 巨型艾美耳球虫感染时，损害整个小肠，可使肠管扩张，小肠增生，浆膜外有点状坏死（图4-60）。

④ 堆型艾美耳球虫感染时，在小肠前半段有白色病变，水肿。并

且同一段的虫体常聚集在一起，在被损伤肠段出现大量淡白色斑点或斑纹。

哈氏艾美耳球虫感染时，损伤小肠前段，肠壁上出现小米粒大小的出血点（图4-61），黏膜水肿和严重出血。

图4-60 小肠增生，浆膜外有点状坏死

图4-61 回肠后段浆膜面上密布的出血点

（二）防治

1. 预防

（1）空舍消毒程序中要有针对球虫的消毒措施 空鸡舍在进行完常规消毒程序后，应用酒精喷灯对鸡舍的混凝土、金属物件器具以及墙壁（消毒范围不能低于鸡群2米）进行火焰消毒，消毒时一定要仔细，不能有疏漏的区域。

对木质、塑料器具用2%~3%的热碱水浸泡洗刷消毒。对饲槽、饮水器、栖架及其他用具，每7~10天（在流行期每3~4天）要用开水或热碱水洗涤消毒。出入鸡场的车辆及人员要严格消毒，杜绝外来人员参观。

（2）推广网上平养模式 网上平养使鸡群几乎没有直接跟粪便接触的机会，因而可大大减少球虫病的发生，是控制球虫病最为理想的饲养模式。

（3）加强对垫料的管理 地面平养的鸡群应5~7天换1次垫料，

新的垫料要在直射阳光下暴晒 2~3 天，保证垫料松软、干燥、无霉变、吸水性好。

（4）重视鸡舍管理　鸡舍保持清洁干燥，搞好舍内卫生，要使鸡舍内温度适宜，阳光充足，通风良好。严格控制鸡舍湿度，炎热的夏季慎用喷雾法降温。

（5）注意营养调控　加强饲养管理，供给雏鸡富含维生素的饲料，以增强鸡只的抵抗力，在饲料或饮水内要增加维生素 A 和维生素 K，这样可增强抗病力，减少死亡。

（6）做好定期药物预防工作　可以在 7 日龄首免新城疫后，选择地克珠利、妥曲珠利配合鱼肝油，将球虫在生长前期杀死。如有明显肠炎症状，可用地克珠利、妥曲珠利配合氨苄西林钠、舒巴坦钠、肠黏膜修复剂等治疗。在二免新城疫之前，若鸡群中有球虫病时，必须先治疗球虫病，再做新城疫免疫，防止引起免疫失败。10 日龄前，也可不予预防性投药，待出现球虫后再作治疗，可以使肉鸡前期轻微感染球虫，后期获得对球虫感染的抵抗力。

2. 辅助治疗

（1）保护肠道黏膜，促进肠黏膜的修复　修复和保护肠道黏膜，以提高鸡对球虫和其他病原微生物的抵抗力。如用次碳酸铋、活性炭、白陶土等收敛剂，补充维生素 A、维生素 E，保护黏膜系统。

（2）止血、消炎　止血可采用维生素 K_3、安络血等药物，采用硫酸安普霉素、丁胺卡那霉素、新霉素等抗菌药物，防止大肠杆菌等细菌性疾病的继发或并发。

（3）补充体液、消除自体中毒，调节体内电解质及酸碱平衡　饲料或饮水中添加电解质、多维素等。消除自体中毒可采取"先泻后复"的措施，先用泻药促进毒素及坏死黏膜的排出，然后再用肠道收敛剂止泻修复肠黏膜。

（4）健肾利尿　当采用磺胺类药物治疗球虫病时，长期应用易造成肾脏严重损伤，引起肾肿、尿酸盐沉积、机能障碍等，可采用肾肿解毒中药、乙酰水杨酸、小苏打等药物配合治疗。

3. 治疗

对急性盲肠球虫病，以 30% 的磺胺氯吡嗪钠为代表的磺胺类药物是治疗本病的首选药物。按鸡群全天采食量每 100 千克饲料 200 克饮水，4~5 小时饮完，连用 3 天。对急性小肠球虫病的治疗，复合磺胺类药物是治疗本病的首选药物，另外加治疗肠毒综合征的药物同时使用，效果更佳。对慢性球虫病，以尼卡巴嗪、妥曲珠利、地克珠利为首选药物，配合治疗肠毒综合征的药物同时使用，效果更好。对混合球虫感染的治疗，以复合磺胺类药物配合治疗肠毒综合征的药物饮水，连用 2 天，晚上用健肾、护肾的药物饮水。

二、卡氏住白细胞原虫病

鸡住白细胞原虫病是由住白细胞原虫属的原虫寄生于鸡的红细胞和单核细胞而引起的一种以贫血为特征的寄生虫病，俗称白冠病。主要由卡氏住白细胞原虫和沙氏住白细胞原虫引起。其中，卡氏住白细胞原虫危害最为严重，该病可引起雏鸡大批死亡，中鸡发育受阻，成鸡贫血。

该病的发生与蠓和蚋的活动密切相关。蠓和蚋分别是卡氏住白细胞原虫和沙氏住白细胞原虫的传播媒介，因而该病多发生于库蠓（图 4-62）和蚋（图 4-63）大量出现的温暖季节，有明显的季节性。一般气温在 20℃ 以上时，蠓和蚋繁殖快、活动强，该病流行严重。我国南

图 4-62　库蠓

图 4-63　蚋

方地区多发于 4~10 月份，北方地区多发生于 7~9 月份。

（一）诊断

1. 临床症状

① 雏鸡感染多呈急性经过，病鸡体温升高，精神沉郁，乏力，昏睡；食欲不振，甚至废绝；两肢轻瘫，行步困难，运动失调；口流黏液，排白绿色稀便。

② 12~14 日龄的雏鸡因严重出血、咯血和呼吸困难而突然死亡，死亡率高。血液稀薄呈水样，不凝固。

③ 消瘦、贫血、鸡冠和肉髯苍白。鸡冠、肉髯上有小米粒大小梭状结节（图 4-64）。

图 4-64　鸡冠苍白，有暗红色针尖大出血点

图 4-65　咯血

2. 病理变化

① 咯血（图 4-65）。皮下、肌肉，尤其胸肌和腿部肌肉有明显的点状或斑块状出血（图 4-66、图 4-67），各内脏器官也呈现广泛性出血。

② 肝、脾明显肿大，质脆易碎，血液稀薄、色淡；严重的，肺脏两侧都充满血液；肾周围有大片血液，甚至在部分或整个肾脏被血凝块覆盖。

③ 肠系膜、心肌、胸肌或肝、脾、胰等器官，有住白细胞原虫裂

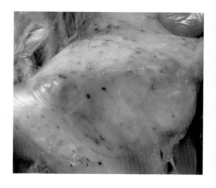

图 4-66 胸肌上的点状出血，贫血　　　图 4-67 腿肌上的点状出血

殖体增殖形成的针尖大或粟粒大，与周围组织有明显界限的灰白色或红色小结节（图 4-68、图 4-69）。

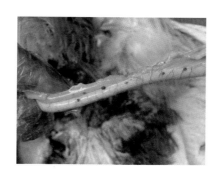

图 4-68 小肠浆膜面上隆起的结节　　　图 4-69 心尖上的灰白色结节
　　　　　　性出血

（二）防治

1. 消灭昆虫媒介，控制螨和蚋

要抓好 3 点：一是要注意搞好鸡舍及周围环境卫生，清除鸡舍附近的杂草、水坑、畜禽粪便及污物，减少螨、蚋滋生繁殖与藏匿；二是螨和蚋繁殖季节，给鸡舍装配细眼纱窗，防止螨、蚋进入；三是对鸡舍及周围环境，每隔 6~7 天，用 6%~7% 的马拉硫磷溶液或溴氰菊酯、戊酸氰醚酯等杀虫剂喷洒 1 次，以杀灭螨、蚋等昆虫，切断传播途径。

2. 尽早治疗

最好选用发病鸡场未使用过的药物，或同时使用两种有效药物，以避免产生耐药性而影响治疗效果。可用磺胺间甲氧嘧啶钠按 50~100 毫克/千克饲料，并按说明用量配合维生素 K_3 混合饮水，连用 3~5 天，间隔 3 天，药量减半后再连用 5~10 天即可。

三、鸡组织滴虫病

鸡组织滴虫病又称盲肠肝炎、鸡黑头病，是鸡的一种急性原虫病，主要特征是盲肠出血肿大，肝脏有扣状坏死溃疡灶。

（一）诊断

病原为火鸡组织滴虫，为多样性虫体，大小不一。火鸡组织滴虫的生活史与异刺线虫和存在于鸡场土壤中的几种蚯蚓密切相关。鸡盲肠内同时寄生着组织滴虫和异刺线虫，组织滴虫可钻入异刺线虫体内，在其卵巢中繁殖，异刺线虫卵可随鸡粪排到外界，成为重要的感染源，土壤中的蚯蚓吞食异刺线虫卵后，组织滴虫可随虫卵进入蚯蚓体内。当鸡吃到这种蚯蚓后，便可感染组织滴虫病。

鸡组织滴虫病常发生于 2 周至 4 月龄的鸡，散养优质肉鸡多见。本病的发生与盲肠内异刺线虫有关，蚯蚓作为搬运宿主具有传播作用。

病鸡精神不振，食欲减退，翅下垂，呈硫黄色下痢，或淡黄色或淡绿色下痢。病鸡头部皮肤发绀，变成紫黑色，故称黑头病。病鸡主要表现为盲肠和肝脏严重出血坏死。盲肠的一侧或两侧发炎、坏死，肠壁增厚或形成溃疡，有时盲肠穿孔、引起全身性腹膜炎，盲肠表面覆盖有黄色或黄灰色渗出物，并有特殊恶臭。有时这种黄灰绿色干酪样物充塞盲肠腔，呈多层的栓子样（图 4-70、图 4-71）。外观呈明显的肿胀和混杂有红灰黄等颜色。

肝脏肿大，表面有特征性扣状（榆钱样）凹陷坏死灶（图 4-72、图 4-73）。肝出现颜色各异、不整圆形、稍有凹陷的溃疡状灶，通常呈黄灰色，或是淡绿色。溃疡灶的大小不等，一般为 1~2 厘米的环形病灶，也可能相互融合成大片的溃疡区。大多数感染鸡群通常只有剖检足够数量的病死鸡只，才能发现典型病理变化。

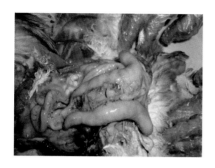

图 4-70 盲肠内形成黄色栓塞

图 4-71 盲肠内形成的栓塞物

图 4-72 肝脏肿大，表面有扣状凹
陷坏死灶

图 4-73 肝脏肿大，表面有榆钱
样坏死灶

（二）防治

加强饲养管理，建议采用笼养方式。用伊维菌素定期驱除异刺线
虫。发病鸡群用 0.1% 的甲硝唑拌料，连用 5~7 天有效。

第四节　常见普通病

痛风

鸡痛风病是由于鸡体内蛋白质代谢发生障碍，使大量的尿酸盐蓄积，沉积于内脏或关节而形成的高尿酸血症。临床上以消瘦、关节肿大、运动障碍、消瘦和衰弱等症状为特征。主要特征是大量尿酸和尿酸盐在内脏器官或关节中沉积。

1. 诊断

肉鸡日粮中蛋白质过高，尤其是添加鱼粉，导致尿酸量过大；传染病如传染性支气管炎、传染性法氏囊炎等引起的肾脏损伤；育雏温度过高或过低、缺水、饲料变质、盐分过高、维生素 A 缺乏、饲料中钙磷过高或比例不当等都可成为致病的诱因。

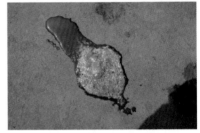

图 4-74　夹杂有白色尿酸盐的粪便

患病鸡开始无明显症状，以后逐渐表现为精神萎靡，食欲不振，消

图 4-75　脚垫肿胀，有白色尿酸盐沉积

瘦，贫血，鸡冠萎缩、苍白；泄殖腔松弛，不自主地排白色稀便（图4-74），污染泄殖腔下部羽毛；关节型痛风，可见关节、脚垫肿胀（图4-75），有白色尿酸盐沉积，瘫痪；幼雏痛风，出壳数日到10日龄，排白色粪便。

病死鸡肾脏（图4-76、图4-77）、心包（图4-78）、腹部（图4-79）等覆盖一层白色尿酸盐，似石灰样白膜；肾脏肿大、苍白，肿大3~4倍。肾小管内被沉积的灰白色尿酸盐扩张，单侧或两侧输尿管扩张变粗，输尿管中有石灰样物流出，有的形成棒状痛风石而阻塞输尿管。关节内充满白色黏稠液体，严重时关节组织发生溃疡、坏死。

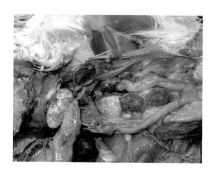

图4-76　肾脏表面的尿酸盐沉积

图4-77　肾脏肿胀，输尿管增粗

图4-78　心包内大量尿酸盐沉积

图4-79　腹部脂肪上的尿酸盐沉积

2. 防治

加强饲养管理，保证饲料的质量和营养的全价，尤其不能缺乏维生素 A；做好诱发该病的疾病的防治；不要长期使用或过量使用对肾脏有损害的药物及消毒剂，如磺胺类药物、庆大霉素、卡那霉素、链霉素等。

治疗过程中，降低饲料中蛋白质的水平，饮水中加入电解多维，给予充足的饮水，停止使用对肾脏有损害作用的药物和消毒剂。饲料和饮水中添加阿莫西林、人工补液盐等，连用 3~5 天，可缓解病情。使用清热解毒、通淋排石的中药方剂，也有较好疗效。

第五节　常见综合征与杂症

一、气囊炎

气囊炎的发生在近几年较为普遍和频繁，特别是肉鸡方面更为严重，一些养殖密集地区呈现发病重、病程长、致死率高、难以治疗的特点，特别是 15 日龄至出栏阶段比较常见，秋末冬初至来年春天这个时间，更为常见。

（一）常见发病原因

首先应该指出的是，气囊炎只是一个症状，而并不是一个独立的病。现在，有不少兽医，在临床诊断时往往把发生气囊炎后的病简单地以气囊炎命名之，这一是说明我们对气囊炎本质问题的认识上有欠缺，二是对养殖户有搪塞的嫌疑。必须明白，气囊炎只是由于一些因素导致气囊发炎的一种表现，很多原因能引起气囊炎。

1. 病原

（1）流感病毒，致使气囊炎症　流感病毒是这些年来发生气囊炎的一个主导性病原，也是这些年气囊炎发病严重的一个主要原因。应该指出的是，现阶段流感病毒的危害比较严重，特别是温和型流感更加普遍。不过，H5 流感病毒对鸡群的危害更加严重，以前 H5 只在蛋鸡侵害的比较常见，近几年 H5 在肉鸡上的危害也时常见到，这是我们应该重视的。

（2）大肠杆菌也是导致气囊炎发病的常见病原　有人说大肠杆菌和霉形体是姊妹病，有一种病原发病，另一种病原即可被激发起来导致发病，不无道理。

（3）支原体（霉形体）是导致气囊炎的最常见病原　单纯支原体发病，发生气囊炎的程度较轻，一般采取治疗有比较客观的效果，但恢复后遇到一些诱因出现和机体抵抗力下降时易复发。支原体是导致呼吸道病发生的基础病。

（4）传染性支气管炎病毒　十几天内发病的病例，发病率高、死亡率高、危害较大，气囊炎的发生比较严重，也经常导致支气管干酪样堵塞现象，给养殖造成很大影响。

（5）曲霉菌病　鸡的曲霉菌病发病肺部和气管瘀血、发黑发紫、灰白色，质地变硬，切面坏死，气囊发生炎症，表现气囊混浊，有霉菌结节形成。

此外，这几年鼻气管鸟杆菌的发病在一些地区屡有报道，引起的气囊炎和肺炎现象比较严重，也导致心肺和气囊的炎性渗出，也是需要引起注意的一种重要传染病。

2. 环境、管理因素

（1）气候因素　气囊炎的发生主要集中于每年的 10 月份至来年的 5 月份较多，这个时间段或是气候温差变化较大，或是室外气温较低，室内外温差较大，管理容易出问题。温差变化大极容易因为管理不当而造成冷应激，这也是造成呼吸道病发病的主要诱因之一。

（2）通风、密度和湿度的问题　养殖密度过大，长期不消毒，不定期清粪，通风不良，粉尘过多，室内空气质量下降，湿度小，呼吸道病发生概率增大，同时病原微生物通过呼吸侵入气囊而引起气囊炎。

（3）免疫抑制病的存在也是发生气囊炎的一个诱因　由于一些免疫抑制病如网状内皮增生症、马立克氏病、白血病、传染性贫血、法氏囊炎等的存在，导致呼吸道黏膜免疫系统的免疫力下降，而使得一些病原容易侵入呼吸系统而导致气囊炎的发生。

（二）临床表现

发生气囊炎时，鸡群呼吸急促甚至张口呼吸，皮肤及可视黏膜瘀血，外观发红、发紫，精神沉郁，死亡率上升。剖检，气囊炎，气囊混浊呈云雾状、泡沫样（图4-80），严重的干酪样物质渗出（图4-81），严重病例，气囊变成一个外观看似实体器官的瘤状物，打开可以见到干酪样物质充满其中。气囊增厚，气囊上的血管变粗；心包炎，肝周炎，心包积液，有时出现胸腔积液（图4-82）。

图4-80　气囊浑浊

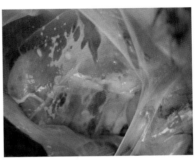
图4-81　气囊变厚，有黄色干酪样物

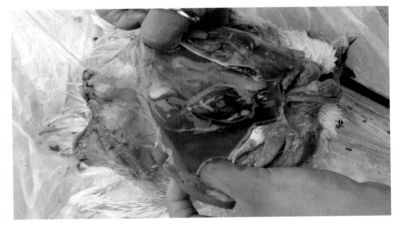
图4-82　心包炎、胸腔积液

（三）治疗

要对气囊炎进行有效的治疗，首先应搞明白发生气囊炎的原因。如果只对气囊炎本身采取措施，不会取得很好的效果。

1. 治疗的基本原则

① 消除病因，对症治疗。针对气囊炎发生的原因采取相应的措施，如抗病毒、抗菌消炎、清热、化痰、平喘等。改善饲养环境，处理好通风与保温的矛盾。

② 加强饲养管理。生物安全措施的实施是防止传染病的根本措施。控制好免疫抑制病的发生也是控制气囊炎发生的一个重要方面。

③ 采取综合措施。不要只强调对气囊炎的单纯治疗，应重视对因治疗和全身治疗。

2. 用药方案

通过注射、饮水、拌料等途径治疗气囊炎，药物的吸收难以达到有效的血药浓度，对气囊上的微生物很难杀死，因此效果不很可靠。所以，在药物选择上，应该选用组织穿透能力强、血液浓度高、敏感程度高的药物作为首选药物。

使用气雾法用药能够使药物直达病灶，对气囊上的微生物予以直接杀灭。但气雾法用药应使用能调节雾滴粒子大小的专门的气雾机来进行，适宜大小的雾滴能够穿透肺脏而直达气囊。

二、肌腺胃炎

近几年来，肉鸡生产中出现了一种以生长发育不良、整齐度差、腺胃肿大如乒乓球，腺胃黏膜溃疡、脱落，肌胃糜烂为主要特征的传染病，大家习惯上称作传染性腺胃炎，目前没有确切的定论。发病后，没有特效的药物治疗，有一些治疗组方也只能缓解病情，很难在短时间内彻底治愈。鸡场一旦感染本病，损失很大。

（一）流行特点

1．肌腺胃炎可发生于不同品种、不同日龄的肉鸡

无季节性，一年四季均可发生，但以秋、冬季最为严重，多散发，流行广，传播快。在7~10日龄各品种雏鸡均易感，育雏室温度较低的鸡群更易发病，死亡率低，发病后其继发大肠杆菌、支原体、新城疫、球虫、肠炎等疾病，而引起死亡率上升。

2．该病的发生可能有比较大的局限性（即发病多集中在一个地理区域）

可通过空气飞沫传播或经污染的饲料、饮水、用具及排泄物传播，与感染鸡同舍的易感鸡通常在48小时内出现症状。

3．该病是一种综合征，也是一种"开关"式疾病，病因复杂（病原＋诱因）

该病的病原多是呈垂直传播的或污染马立克氏疫苗或鸡痘疫苗而传播的，在良好饲养管理下（无发病诱因时）不表现临床症状或发病很轻。当有发病诱因时，鸡群则表现出肌腺胃炎的临床症状；诱因越重越多，肌腺胃炎的临床症状表现越重，诱因起到了"开关"的作用。

（二）发病主要病因或诱因

1．非传染性因素

（1）日粮中所含的生物胺（组胺、尸胺、组氨酸等）　日粮原料如堆积的鱼粉、玉米、豆粕、维生素预混料、脂肪、禽肉粉和肉骨粉等含有高水平的生物胺，这些生物胺都会对机体有毒害作用。

（2）饲料条件诱因　饲料营养不平衡（主要是饲料粗纤维含量高），蛋白低、维生素缺乏等都是本病发病的诱因。

（3）霉菌、毒素类　镰孢霉菌产生的T2毒素具有腐蚀性，可造成腺胃、肌胃和羽毛上皮黏膜坏死；桔霉素是一种肾毒素，能使肌胃出现裂痕；卵孢毒素能使肌胃、腺胃相连接的峡部环状面变大、坏死，黏膜被假膜性渗出物覆盖；圆弧酸可造成腺胃、肌胃、肝脏和脾脏损伤，腺胃肿大，黏膜增生，溃疡变厚，肌胃黏膜出现坏死。

2.传染性因素

（1）鸡痘　尤其是眼型鸡痘（以瞎眼为特征的），是肌腺胃炎发病很重要的病因。临床发现，每年秋季的北方，是鸡痘发病比较严重的季节，腺胃炎发病也非常严重，很多鸡群都是先发生了鸡痘，后又继发腺胃炎，造成很高的死亡率，并且药物治疗无效。

（2）不明原因的眼炎　如传染性支气管炎、各种细菌、维生素 A 缺乏或通风不良引起的眼炎，都会导致腺胃炎的发生。

（3）一些垂直传播的病原或污染了特殊病原的马立克氏病疫苗，很可能是该病发生的主要病原　如鸡网状内皮增生症、鸡贫血因子等。

（三）临床症状与病理变化

本病潜伏期内，鸡群精神和食欲没有明显变化，仅表现生长缓慢和打盹。感染后，初期症状表现为缩头垂尾，羽毛蓬乱（图 4-83），有呼吸道症状、咳嗽、张口呼吸、有啰音，有的甩头，欲甩出鼻腔和口中的黏液，流眼泪、眼水肿、大群内可听见呼噜声；发病中后期，呼吸道症状基本消失，精神沉郁，畏寒，闭眼呆立，给予惊吓刺激后迅速躲开，缩头垂尾，乍毛，采食和饮水急剧减少；个别病鸡眼结膜浑浊不清，有的出现失明而影响采食。病鸡饲料转化率降低，排出白色、白绿色、黄绿色稀粪，油性鱼肠子样或烂胡萝卜样，少数病鸡排出绿色粪便，粪便

图 4-83　缩头垂尾，羽毛不整，排白色鱼肠子样粪便

中有未消化的饲料和黏液（图4-84），沾污肛门周围羽毛。有的病鸡嗉囊内有积液，颈部膨大。病鸡渐进性消瘦，生产水平下降，少量病鸡可发生跛行，最终衰竭死亡。耐过鸡大小、体重参差不齐。病程一般为8~10天，死亡高峰在临床症状出现后4~6天。

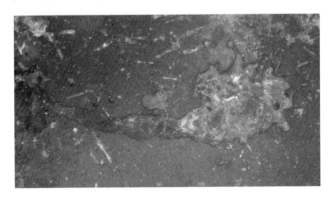

图4-84　稀薄的料粪

病鸡腺胃肿大如球，呈乳白色（图4-85）。肌胃内径变粗，长度缩短，外观有明显红、白相间的凝固性坏死灶或坏死斑，肌胃壁肿胀增厚（图4-86），腺胃、肌胃连接处呈不同程度的糜烂、溃疡（图4-87、图4-88）。法氏囊萎缩，嗉囊扩张，内有黑褐色米汤样物。腺胃乳头呈不规则突出、变形、肿大，轻轻挤压可挤出乳状液体（图4-89）。胸腺、

图4-85　雏鸡腺胃肿大

图4-86　肌胃壁增厚

脾脏严重萎缩（图4-90）。肠道前期肿胀、充血，呈暗红色，剖检肠壁外翻；后期黏膜脱离，易碎，变薄无物，肠道有不同程度的出血性炎症，内容物为含大量水的食糜。个别病死鸡有的盲肠扁桃体肿大出血，十二指肠轻度肿胀，空肠和直肠有不同程度的出血。胰腺萎缩，色泽变淡。

图4-87　腺胃肿大，肌胃角质层增厚、糜烂

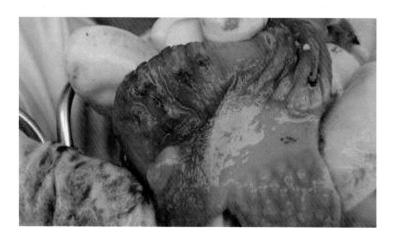

图4-88　腺胃、肌胃交界处糜烂、溃疡，肌胃萎缩

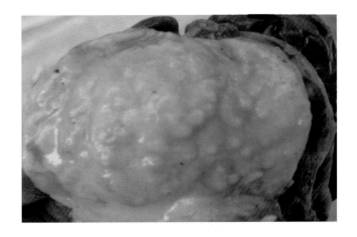

图4-89　腺胃乳头水肿

图4-90　胸腺萎缩、褪色

（四）防治

1. 严格执行生物安全措施

经常打扫鸡舍，搞好环境卫生，并加强对鸡舍和环境的卫生消毒，以有效地减少鸡群感染疫病的机会。注重鸡舍内通风换气，适度饲养，改善养鸡的环境条件，减少和杜绝应激因素，增强鸡群的抗病能力和免疫力。

2. 加强饲养管理

按鸡的不同生长阶段饲喂全价料，特别注意鸡饲料中粗蛋白质、维生素的供应。注重配制鸡饲料原料的品质，防范霉菌、毒素的隐性危害，尽可能减少鸡腺胃炎的诱因。

3. 免疫预防

根据当地养鸡疫病流行特点，结合本场的实际，科学制定免疫程序，并按鸡群生长的不同阶段，严格进行免疫接种。着重做好鸡新城疫、禽流感、传染性支气管炎、传染性法氏囊病的免疫接种，是防治鸡腺胃炎发生的重要手段之一。

4. 药物防治

① 中西结合，中药木香、苍术、厚朴、山楂、神曲、甘草等分别粉碎过筛后，与庆大霉素、雷尼替丁同时使用，有较好效果。

② 在饮水中添加 B 族维生素 + 青霉素（或头孢类）+ 中药开胃健胃口服液（严重个别鸡投西咪替丁）+ 干扰素。

三、肠毒综合征

肉鸡肠毒综合征又叫过料症，是商品肉鸡群普遍存在的一种以腹泻、粪便中含有未被消化的饲料、采食量明显下降、生长缓慢或体重减轻、脱水和饲料报酬下降为特征的疾病。地面平养肉鸡发病率高于网上平养。各年龄段，早至 7~10 天，晚至 40 多天均有发病。投服常规肠道药不能收到理想的效果，最后导致鸡群体弱多病，料肉比增高，后期伤亡率较大，大大提高了饲养成本。

（一）症状和病理变化

最急性病例死亡很快，死前不表现任何临床症状，死后两脚直伸，腹部朝天，多为鸡群中体质较好者。剖检病死鸡，嗉囊内积满食物，心肌圆硬，有时有少量心包积液，肠管增粗，外观像水煮样，肠腔内积有大量未消化完的饲料。

急性病鸡以尖叫、奔跑、瘫痪和采食量迅速下降为特征，鸡群中突然出现部分鸡只尖叫、奔跑、乱窜，接着腾空跳跃几下便仰面朝天而死。也有的鸡群突然采食量下降，好多鸡只卧地不起，有的一只脚直伸（图4-91），轻者强行驱赶以关节着地蹒跚行走，靠两翅来支撑平衡。重者头颈震颤、贴地，干脆卧地不起。剖检发现心肌圆硬、腺胃水肿、肠道水肿、发硬、像腊肠样，有的肠段粗细不均。肠壁浆膜面有大量针尖出血点或斑块状出血，肠黏膜像有一层黄白色麸皮样物质脱落，肠内容物多为橘黄色泡沫样内容物。

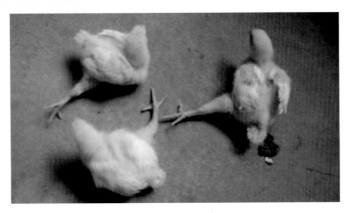

图4-91　病鸡一只脚直伸

图4-92　肠内未消化完全的饲料

本病慢性病例最多见，初期无明显症状，消化不良，粪便颜色也接近料色，内含未消化完全的饲料，时间稍长会发现鸡群长势不佳、减料、料肉比偏高。随着时间的延长，鸡的粪便中出现肉样或烂西红柿样、鱼肠子样夹带白色石灰样稀便或灰黄色（接近饲料颜色）的水样稀便。投服常规肠道药无效。长期拉稀造成机体脱水、精神沉郁、脚趾干瘪，尾部及下腹部羽毛被粪便污染，最终衰竭而死。大部分慢性病例最后都继发新城疫、大肠杆菌等病混合感染而死。病程长者，肠管增粗，肠壁菲薄，有像水煮过样颜色苍白，有的肠壁出血严重，整个肠道像红肠子样，从浆膜面会看到有斑点状出血。肠内有未消化完全的饲料（图4-92）或脓性分泌物（图4-93）。肠壁出血，肠内有被脓性分泌物包裹的未消化的饲料渣（图4-94）。

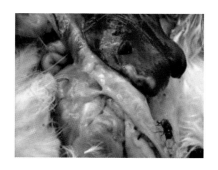

图4-93　肠道内脓性分泌物

图4-94　肠壁出血，肠内有被脓性分泌物包裹的未消化的饲料渣

直肠黏膜出血，泄殖腔积有大量石灰膏样粪便。病程短者，肠壁增厚，肠腔空虚，肠黏膜表面被大量黄白色麸皮样内容物附着，并有橘黄色或红色絮状物，剪开后肠壁自动外翻成条索状。

（二）发病原因

1. 感染小肠球虫

小肠球虫的感染为本病的始发点，多种细菌、病毒乘虚而入，为本病起了推波助澜的作用。环境条件相对比较潮湿，为球虫的滋生提供了良好的条件。小肠球虫感染机体后开始无明显症状，往往不被人们重视，但其长期作用会导致肠黏膜严重脱落，肠道的完整性遭到破坏，为肠道内多种有害微生物提供了易感机会。

2. 病鸡死亡的原因

大量崩解的球虫卵囊、细菌等病原体的代谢产物、脱落的肠黏膜等共同作用导致肠道内环境的改变，加速了有害菌的繁殖，造成消化不良、腹泻等症状。大量毒素随血液循环带到全身，形成败血症或自体中毒，出现神经症状，加速了病鸡的死亡。

3. 混合感染

长期腹泻，再加上通风不良造成鸡舍内氨气浓度超标，导致鸡体质下降，往往会造成大肠杆菌和呼吸道的混合感染。这时即使各种疫苗都是接种比较规范的鸡群，呼吸道、消化道黏膜等处的局部免疫力保护不足，稍遇自然毒株或野毒侵袭便很容易感染新城疫、法氏囊等传染病。更有甚者，一批鸡就免疫一次新城疫疫苗，无论是整体循环抗体水平还是局部抗体水平都很低，所以这种鸡群非常危险。

4. 使用高能量高蛋白饲料

高能量高蛋白饲料为鸡体提供了营养的同时，也为病原体的繁殖提供了良好的物质基础。所以往往越是饲喂高质量饲料的鸡群，发生本病后越顽固。

（三）防治

防治本病，避免出现以下 4 个误区。

1. 强制止泻

发生肠毒综合征后病鸡通常排黄色、暗红色、褐色糖稀样的粪便，很多兽医工作者的第一反应通常是立即用药止泻，仿佛止泻成功与否决定了治疗的成败。但是肠毒综合征死亡率高的原因不在于腹泻，而是自体中毒。因此，如果强制止泻反而加剧了自体中毒，死亡率会不降反升，或者是投药数天后效果不佳。所以，发生肠毒综合征应该是引导排毒，而不是一味止泻。

2. 发病早期用猛药

在肠毒综合征发现的早期，人们往往像对待其他传染病一样，抓紧时间下猛药治疗。但结果往往是用药后死亡率立刻显现，并且治疗两个疗程以上才有所减轻。原因很简单，革兰氏阴性菌在肠道大量繁殖，可导致肠道消化功能紊乱，使球虫繁殖释放大量有害物质，再加上使用大剂量抗生素治疗后，革兰氏阴性菌死亡解体释放的超剂量内毒素，可引起机体调节系统紊乱甚至休克死亡。

3. 用多种维生素

多种维生素可以补充营养、增强机体抵抗力，但是鸡患肠毒综合征时要禁止使用。因为发生肠毒综合征时，肠道功能已经紊乱，会造成营养吸收障碍，有害的物质却没少吸收。同时饲料在消化道内和脱落的肠黏膜混合在一起，导致细菌大量繁殖，此时如果增加多种维生素，一则吸收不了，二则增加了肠内容物的营养，反而利于有害菌繁殖，对治疗有百害而无一利。

4. 拌料给药

肠毒综合征会导致肉鸡不断勾料（把料筒的料勾到地上），再加上鸡只发病后采食量会出现不同程度的下降，如果此时拌料给药，就会导致饲料被大多数健康鸡和症状轻微的鸡吃了，病鸡没食欲，或者吃得很少，达不到治疗效果，不能产生应有的疗效。

因此，适时合理地进行药物防治，尤其注意预防球虫病的发生，是治疗肠毒综合征的第一要务，而且使用磺胺药才是正确的选择。可首先在饮水、饲料中使用磺胺类药物，球虫药用到第 3 天时使用抗生素，氨基糖苷类和喹诺酮类联合使用效果不错；对细菌、病毒混合感染的情况，在使用大环内酯类药物的同时，添加黄芪多糖粉。

平时要加强饲养管理，中后期尽可能保持鸡舍内环境清洁干燥，加强通风换气，减少球虫、呼吸道病和大肠杆菌等的感染机会。

参考文献

[1] 陈理盾，李新正，靳双星.禽病彩色图谱 [M].沈阳：辽宁科学技术出版社，2009.

[2] 武拉祥，卢国强.鸡群日常巡视管理关键控制技术 [J].中国家禽，2010（7）.

[3] 李连任等.商品肉鸡常见病防治技术 [M].北京：化学工业出版社，2012.

[4] 夏新义.规模化肉鸡场饲养管理 [M].郑州：河南科学技术出版社，2011.